TRAINING

Mathematik 9. Klasse

Walter Schmid

STARK

Autor: Walter Schmid

Bildnachweis
Umschlag: © Francisco Javier Gil Oreja/dreamstime.com
S. 1: © Stefan Rajewski/Fotolia.com
S. 5, S. 17: © Vincent Giordano/Dreamstime.com
S. 6: © Claudia Bauer
S. 8: © Pefkos/Fotolia.com
S. 10: © Alex Staroseltsev/Fotolia.com
S. 12: © rimglow/Fotolia.com
S. 13: © Kostas Jariomenko/sxc.hu
S. 14: © Peter Suneson/sxc.hu
S. 15: © michanolimit/Fotolia.com
S. 14: © Reflekcija/Fotolia.com
S. 18: TV: © Adrian Gtz/sxc.hu; Palmen: ©VNR970/sxc.hu
S. 21: © Micha360/Dreamstime.com
S. 25: Laptop: © Dreamstime.com
S. 27: © Anders Gustavson/www.samos-beaches.com
S. 28: © ivan petrov/sxc.hu
S. 31: © ramzi hashisho/sxc.hu
S. 32: © Vuk/http://de.wikipedia.org; diese Datei ist unter der Creative Commons-Lizenz Namensnennung-Weitergabe unter gleichen Bedingungen 3.0 Unported lizenziert
S. 33: © Yvonne Prancl/Fotolia.com
S. 37: © Eric Isselée/Dreamstime.com
S. 39: © Windowseat/Fotolia.com
S. 41: © Kasia Biel/Fotolia.com
S. 44: © Nina Aldin Thune/http://commons.wikimedia.org/wiki/File:Kheops-Pyramid.jpg; this file is licensed under the Creative Commons Attribution-Share Alike 3.0 Unported license
S. 47: © Nerlich Images/Fotolia.com
S. 49: © Sebastian Terfloth/http://commons.wikimedia.org/wiki/File:ICE_3M_KRM.jpg; this file is licensed under the Creative Commons Attribution-Share Alike 3.0 Unported license
S. 50: © Sharpshot/Dreamstime.com
S. 52: Ring: © bradleym/istockphoto.com
S. 53: © eyewave/Fotolia.com
S. 54: © Andrzej Tokarski/Fotolia.com
S. 55: Rohr: © Ramona Heim/Fotolia.com
S. 57: © gunnar3000/Fotolia.com
S. 61: © Hannes Eichinger/Fotolia.com
S. 62: © Anne Katrin Figge/Fotolia.com
S. 66: Fußball, Skateboard: © Dreamstime.com; Basketball: © Ewa Walicka/Dreamstime.com
S. 68: © Irum Shahid/sxc.hu
S. 69: © Klaus Eppele/Fotolia.com
sonstige Bilder: Redaktion

ISBN 978-3-86668-251-1

www.stark-verlag.de
1. Auflage 2010

Inhaltsverzeichnis

Autor: Walter Schmid

Vorwort

Liebe Schülerin, lieber Schüler,

dieses Trainingsbuch hilft dir, den gesamten **Mathematikstoff der 9. Klasse** selbstständig zu üben und zu wiederholen. Du kannst dich mit diesem Buch besonders gut auf bevorstehende **Klassenarbeiten** vorbereiten oder die Aufgaben nutzen, um für die **Abschlussprüfung** zu üben.

- Der Unterrichtsstoff ist **klar strukturiert** und **verständlich dargestellt**. Dabei sind die **grundlegenden Inhalte** am Anfang eines jeden Kapitels in einem **Merkkasten** zusammengefasst. Anhand von **ausführlichen Beispielen** wird der Stoff veranschaulicht und mithilfe nützlicher Hinweise erklärt.

- **Zahlreiche Übungsaufgaben** bieten dir die Möglichkeit, die verschiedenen Stoffgebiete einzuüben. Hier kannst du überprüfen, ob du die gelernten Inhalte auch anwenden kannst. Wenn du bei einigen Aufgaben unsicher bist, solltest du den jeweiligen Merkkasten und die zugehörigen Beispiele noch einmal nacharbeiten. Mute dir aber nicht zu viele Aufgaben auf einmal zu. **Wenige Aufgaben gut durchdacht und vollständig** zu lösen, bringt mehr, als eine Flut von Aufgaben anzufangen aber nicht konsequent zu Ende zu rechnen.

- Zu allen Aufgaben findest du am Ende des Buches **leicht nachvollziehbare** und **ausführliche Lösungen**. Versuche aber, jede Aufgabe zunächst selbstständig zu lösen. Schlage erst in der Lösung nach, wenn du allein nicht weiterkommst. Vergleiche zum Schluss deine Lösungen aber in jedem Fall mit denen im Buch und suche gegebenenfalls nach Rechenfehlern oder Verbesserungsmöglichkeiten deines Ansatzes. Solltest du mit einer Aufgabe so große Probleme haben, dass du gar nicht weiterkommst, dann wende dich an deine Lehrerin oder deinen Lehrer. Es ist keine Schande, wenn du eine Aufgabe nicht kapierst, aber es ist sehr unklug, die Aufgabe dann einfach wegzulassen.

Ich wünsche dir viel Erfolg bei deiner Auseinandersetzung mit der Mathematik. Mathematik muss nicht unbedingt „Stress“ sein, sie kann auch Spaß machen. Auch diesen wünscht dir

Walter Schmid

Potenzen und Wurzeln

Unser Sonnensystem ist sehr groß. Möchte man z. B. von der Erde zum Neptun reisen, dem äußersten Planeten des Systems, wäre man in etwa 4 300 000 000 km unterwegs. Um Zahlen in dieser Größenordnung übersichtlicher darzustellen, werden sie oft mithilfe von **Zehnerpotenzen** geschrieben. Die Entfernung Erde – Neptun lässt sich damit beispielsweise folgendermaßen darstellen: **$4{,}3 \cdot 10^9$ km**

1 Potenzen

Vielleicht erinnerst du dich noch daran, dass die Multiplikation als wiederholte Addition von immer dem gleichen Summanden aufgefasst werden kann. Das Potenzieren kannst du nun – ganz ähnlich – als **wiederholte Multiplikation** von immer dem gleichen Faktor auffassen.

Hochzahl/Exponent

a^b

Grundzahl/Basis

> Ein Produkt, dessen **Faktoren alle gleich** sind, kann in **Potenzschreibweise** dargestellt werden.
> Die **Hochzahl** (der **Exponent**) gibt dabei an, wie oft die **Grundzahl** (die **Basis**) mit sich selbst multipliziert wird.

Beispiele

1. $4 \cdot 4 \cdot 4 = 4^3$ — Die **Grundzahl 4** wird 3-mal mit sich selbst multipliziert, deshalb ist die **Hochzahl 3**.

2. $5 \cdot 5 \cdot 5 \cdot 5 = 5^4$ — Die **Grundzahl 5** wird 4-mal mit sich selbst multipliziert, deshalb ist die **Hochzahl 4**.

3. $2^0 = 1$ — Potenziert man eine Zahl mit 0, ist das Ergebnis immer 1.

1 Schreibe als Potenz und berechne den Wert.

a) $7 \cdot 7 \cdot 7 \cdot 7 \cdot 7$
b) $29 \cdot 29$
c) $17{,}2 \cdot 17{,}2 \cdot 17{,}2 \cdot 17{,}2$
d) $0{,}25 \cdot 0{,}25$
e) $\frac{1}{9} \cdot \frac{1}{9} \cdot \frac{1}{9}$
f) $\frac{2}{3} \cdot \frac{2}{3} \cdot \frac{2}{3}$

2 Schreibe ausführlich und berechne den Wert.

a) 9^3
b) 11^4
c) 5^5
d) $6{,}3^2$
e) $\left(\frac{2}{5}\right)^3$
f) $\left(\frac{3}{8}\right)^4$

3 Schreibe als Potenz mit der Hochzahl 2.

a) 16
b) 81
c) 169
d) 121

4 Setze <, = oder > richtig ein.

a) $9^1 \;\square\; 9$
b) $4^3 \;\square\; 4$
c) $0{,}1^6 \;\square\; 0{,}1$
d) $0{,}009^4 \;\square\; 0{,}009$

2 Zehnerpotenzen

In unserem Zahlensystem spielen **Potenzen zur Grundzahl 10** eine besonders wichtige Rolle, da man damit sehr große Zahlen und Zahlen nahe bei 0 übersichtlich darstellen kann.

Stufenzahlen lassen sich als **Zehnerpotenz** mit positiver bzw. negativer Hochzahl darstellen.
- **Positive Hochzahlen** geben dabei die **Anzahl der Nullen** an, die rechts von der 1 stehen.
- **Negative Hochzahlen** geben die **Anzahl der Dezimalstellen** an.

Beispiele

1. $10^1 = 10$

$10^2 = 10 \cdot 10 = 100$

$10^3 = 10 \cdot 10 \cdot 10 = 1\,000$

usw.

Positive Hochzahlen geben bei Potenzen mit der Grundzahl 10 die Anzahl der Nullen an, die rechts von der 1 stehen.

2. $10^{-1} = \frac{1}{10^1} = \frac{1}{10} = 0{,}1$

$10^{-2} = \frac{1}{10^2} = \frac{1}{100} = 0{,}01$

$10^{-3} = \frac{1}{10^3} = \frac{1}{1\,000} = 0{,}001$

usw.

Zehnerpotenzen mit **negativer** Hochzahl lassen sich auch als Zehnerbruch mit positiver Hochzahl im Nenner schreiben. Die Hochzahl gibt dann die Anzahl der Dezimalstellen an.

- **Sehr große Zahlen** lassen sich als Produkt aus einer Zahl und einer Zehnerpotenz mit **positiver Hochzahl** schreiben.
- **Zahlen nahe bei 0** lassen sich als Produkt aus einer Zahl und einer Zehnerpotenz mit **negativer Hochzahl** schreiben.

Beispiele

1. $6{,}7 \cdot 10^4 = 6{,}7 \cdot 10\,000 = 67\,000{,}0$

Die positive Hochzahl gibt an, um wie viele Stellen das **Komma nach rechts** verschoben wird.

2. $6{,}7 \cdot 10^{-4} = 6{,}7 \cdot \frac{1}{10\,000} = 0{,}00067$

Die negative Hochzahl gibt an, um wie viele Stellen das **Komma nach links** verschoben wird.

5 Eine Umrechnung ist jeweils falsch. Streiche sie durch.

a)

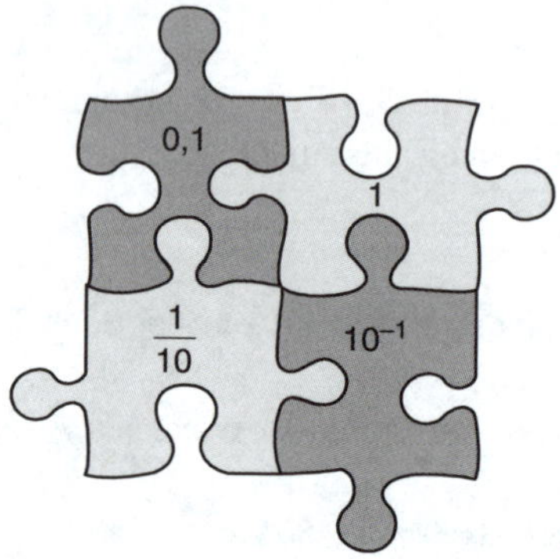

b)

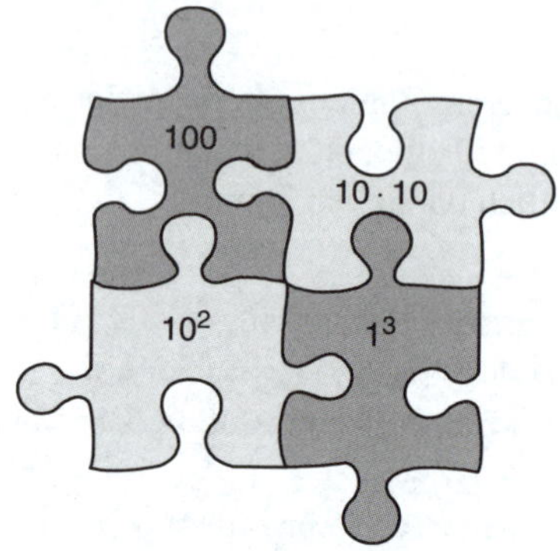

c)

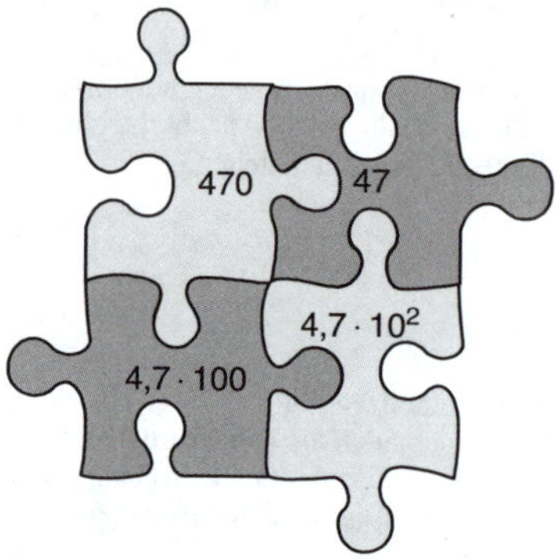

d)

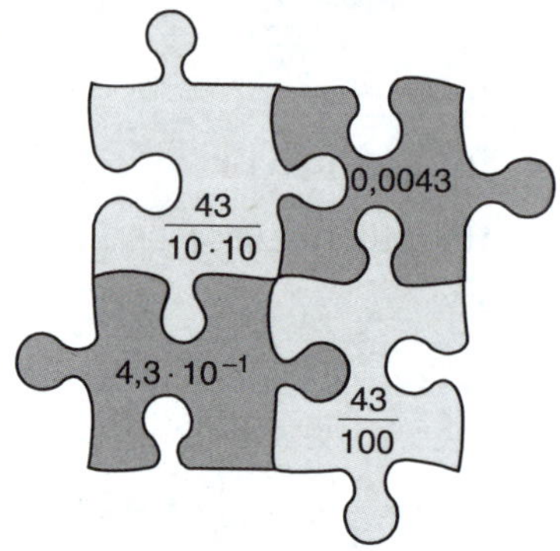

6 Schreibe mithilfe von Zehnerpotenzen.

a) 123 000 b) 4 560 000

c) 82 000 d) 2 500

e) 97 600 000 f) 12

7 Schreibe die Zahlen jeweils mit Zehnerpotenz. Runde sie dazu zuerst sinnvoll.

a) Der Mond ist 384 400 km von der Erde entfernt.

b) Russland hat eine Fläche von 17 075 400 km^2.

c) Bei der letzten Bundestagswahl waren 62 168 489 Bürger wahlberechtigt.

d) In Indien leben etwa 1 166 079 000 Menschen.

8 Schreibe jeweils mithilfe einer Zehnerpotenz mit negativer Hochzahl.

a) 0,025 b) 0,79

c) 0,003 d) 0,00041

e) 0,12 f) 0,000063

9 Schreibe ohne Zehnerpotenz.

a) $5 \cdot 10^3$
b) $1{,}7 \cdot 10^5$
c) $9{,}54 \cdot 10^4$
d) $6{,}3 \cdot 10^2$
e) $1{,}735 \cdot 10^3$
f) $\frac{3}{8} \cdot 10^4$

10 Schreibe ausführlich.

a) $2{,}5 \cdot 10^{-3}$
b) $1{,}04 \cdot 10^{-6}$
c) $9{,}29 \cdot 10^{-4}$
d) $6{,}687 \cdot 10^{-5}$
e) $4 \cdot 10^{-2}$
f) $3{,}6676 \cdot 10^{-8}$

11 Das Licht legt in einem Jahr eine Entfernung von $9{,}4605 \cdot 10^{12}$ km zurück.

a) Schreibe die Entfernungsangabe ohne Zehnerpotenz.
b) Die Erde ist im Durchschnitt 149,6 Mio. km von der Sonne entfernt.
Wie lange braucht das Licht von der Sonne zur Erde, wenn es sich mit einer Geschwindigkeit von $2{,}998 \cdot 10^5 \frac{\text{km}}{\text{s}}$ „bewegt“?

12 Unser Universum hat einen Durchmesser von etwa 10^{23} km, unsere Erde hat einen Durchmesser von ca. 12 800 km.
Wic oft passt dic Erdc in das Universum?

13 In unserem Universum gibt es Schätzungen zufolge zwischen $2 \cdot 10^{11}$ und $3 \cdot 10^{11}$ Sterne. Schreibe die Differenz der beiden Zahlen ohne Zehnerpotenz.

14 Der Durchmesser eines Goldatoms beträgt $1{,}74 \cdot 10^{-10}$ m.
Wie viele Goldatome müsste man aneinanderlegen, um eine Länge von 1 mm zu erhalten?

15 Ein rotes Blutkörperchen hat einen Durchmesser von etwa $7{,}5 \cdot 10^{-6}$ m, der Radius eines Silizium-Atoms beträgt $1{,}1 \cdot 10^{-10}$ m. Vergleiche.

16 Berechne und schreibe das Ergebnis jeweils als Zehnerpotenz.

a) $25 \cdot 10^2 + 17 \cdot 10^4$
b) $45 \cdot 10^5 - 22 \cdot 10^5$
c) $10^3 \cdot 10^4$
d) $10^{11} : 10^7$

17 Setze <, = oder > richtig ein. Begründe auch, wie du zu deinem Ergebnis kommst.

a) $1{,}5^2$ ☐ $2{,}25$
b) $0{,}2^{-3}$ ☐ $12{,}5$
c) $1{,}111 \cdot 10^5$ ☐ $11{,}11 \cdot 10^6$
d) $10^8 \cdot 2{,}25$ ☐ $225 \cdot 10^9$

3 Quadratwurzeln

So, wie die Division die Umkehrung der Multiplikation ist, ist das **Wurzelziehen** die **Umkehrung des Potenzierens**.

> Die **Quadratwurzel** ist die Zahl, die mit sich selbst multipliziert die Zahl ergibt, die unter dem Wurzelzeichen steht.
> Aus einer **negativen Zahl** darfst du **keine Wurzel** ziehen.

Beispiele

1.	$\sqrt{49} = 7$	$7 \cdot 7 = 49$
2.	$\sqrt{1,21} = 1,1$	$1,1 \cdot 1,1 = 1,21$
3.	$\sqrt{\frac{4}{25}} = \frac{2}{5}$	$\frac{2}{5} \cdot \frac{2}{5} = \frac{4}{25}$
4.	$\cancel{\sqrt{-25}}$	Der Taschenrechner zeigt ERROR.

18 Berechne ohne Taschenrechner.

a) $\sqrt{64}$
b) $\sqrt{169}$
c) $\sqrt{225}$
d) $\sqrt{2\,500}$

19 Finde das richtige Ergebnis. Wie lautet das Lösungswort?

a) $\sqrt{0,25}$
b) $\sqrt{0,0036}$
c) $\sqrt{1,44}$
d) $\sqrt{\frac{4}{9}}$
e) $\sqrt{\frac{9}{16}}$
f) $\sqrt{\frac{81}{121}}$

Lösungswort: □ □ □ □ □ □

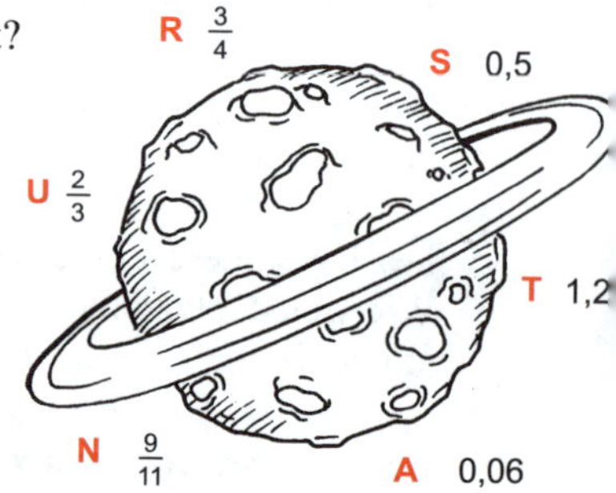

20 Berechne mithilfe des Taschenrechners und runde sinnvoll.

a) $\sqrt{99}$
b) $\sqrt{62,5}$
c) $\sqrt{0,74}$
d) $\sqrt{0,0018}$

21 Ein Taschenrechner zeigt nach Benutzung der Taste $\sqrt{\ }$ folgende Zahlen an. Wie heißen die Ausgangszahlen?

a) 9
b) 10
c) 60
d) 20

Gleichungen

In der Mathematik liefert eine Gleichung nur dann eine **wahre Aussage**, wenn **links und rechts** vom Gleichheitszeichen **dasselbe steht**.
Zwei Terme darf man daher auch nur dann mit einem Gleichheitszeichen verbinden, wenn sie denselben Wert haben. Oft enthalten die Terme eine Unbekannte, deren Wert ermittelt werden kann.

1 Gleichungen lösen

Eine Gleichung kannst du dir als eine Art Waage vorstellen, die sich im **Gleichgewicht** befindet. Das Gleichgewicht der Waage bleibt erhalten, wenn man auf beiden Seiten dieselben Gewichte hinzufügt oder entfernt.

Eine Gleichung bleibt erhalten, wenn man **auf beiden Seiten dieselben (Rechen-)Schritte** ausführt. Du kannst …

- auf beiden Seiten **denselben Wert addieren** oder **subtrahieren**.
- auf beiden Seiten alle Glieder der Gleichung **mit derselben Zahl ($\neq 0$) multiplizieren** oder **durch dieselbe Zahl ($\neq 0$) dividieren**.
- die **linke** und **rechte Seite** der Gleichung **vertauschen**.

Beispiel

Löse die Gleichung $12 = 3z - 9$ und mache anschließend die Probe.

Lösung:

$12 = 3z - 9$	$\mid +9$	Auf der linken und rechten Seite wird **9** addiert.
$12 + 9 = 3z - 9 + 9$		
$21 = 3z$	$\mid :3$	Auf der linken und rechten Seite wird durch **3** dividiert.
$21 : 3 = 3z : 3$		
$7 = z$		Die linke und die rechte Seite werden vertauscht.
$z = 7$		

Probe:

$12 = 3 \cdot 7 - 9$	Setze $z = 7$ in die Ausgangsgleichung ein.
$12 = 12$	Wahre Aussage, also ist die Lösung richtig.

Beim Lösen von schwierigeren Gleichungen hilft dir folgende Vorgehensweise:

- **Multipliziere** zuerst eventuell vorhandene **Klammern aus**. Achte dabei auf die Vorzeichenregeln.
- **Fasse** links und rechts des Gleichheitszeichens jeweils die Glieder mit Variable (a, b, x, y, …) und die Glieder ohne Variable **zusammen**.
- Durch **Addition bzw. Subtraktion** „verschwindet" auf der einen Seite vom Gleichheitszeichen das Glied mit Variable und auf der anderen Seite vom Gleichheitszeichen das Glied ohne Variable.
- Sorge durch **Multiplikation/Division** dafür, dass die Variable alleine steht.

eispiel

Löse die Gleichung nach x auf. Vergiss die Probe nicht.

$(7+3x)\cdot 4-2x=6x+16-2x$

Lösung:

$(7+3x)\cdot 4-2x=6x+16-2x$		Multipliziere die Klammer aus.
$28+12x-2x=6x+16-2x$		Fasse zusammen.
$28+10x=4x+16$	$\vert -4x$	Subtrahiere links und rechts 4x.
$28+6x=16$	$\vert -28$	Subtrahiere links und rechts 28.
$6x=-12$	$\vert :6$	Dividiere links und rechts durch 6.
$x=-2$		

Probe:

$(7+3\cdot(-2))\cdot 4-2\cdot(-2)=6\cdot(-2)+16-2\cdot(-2)$

$(7-6)\cdot 4+4=-12+16+4$

$1\cdot 4+4=8$

$8=8$ (wahr)

22 Löse die Gleichungen und mache die Probe.

a) $8z+24=40$
b) $50+4t=75$
c) $2c-1=5$
d) $16=40-3d$

23 Bestimme die Lösungen. Vergiss die Probe nicht.

a) $42x=72+6x$
b) $13b+2=5b+18$
c) $24z+6=42z-282$
d) $47a-270=24a+6$
e) $57y-32=21y+184$
f) $1{,}5c-8=2-c+5$

24 Multipliziere zuerst die Klammern aus und löse dann nach x auf.

a) $4\cdot(8x+1)=2\cdot(x+62)$
b) $5\cdot(8x+1)+13x=6\cdot(9x-4)$
c) $6x+24-(24x+36)=-4x+72$
d) $8\cdot(x+10)-12\cdot(x-10)=4\cdot(x-2)-6x$
e) $3\cdot(x-3)+1{,}5\cdot(9-x)=5{,}5x-15{,}5$

25 Für welchen Wert liefert die Gleichung jeweils eine wahre Aussage? Kreuze an.

a) $24-6x+34=4$

☐ $x=9$

☐ $x=1$

☐ $x=-9$

b) $3x-50=69-4x$

☐ $x=119$

☐ $x=17$

☐ $x=-119$

Kommen in einer Gleichung Brüche vor, hilft dir folgende Vorgehensweise.

- Bei Gleichungen mit mehreren **Brüchen** musst du an geeigneter Stelle mit dem **Hauptnenner multiplizieren**.
- Bei **Bruchgleichungen** musst du daran denken, **Klammern** zu **setzen**.

Beispiele

1. Löse die Gleichung.

$$\frac{1}{4}x + 1,6 = \frac{3}{5}$$

Lösung:

$$\frac{1}{4}x + 1,6 = \frac{3}{5} \quad | \cdot 20$$

Der **Hauptnenner** ist 20. Multipliziere also beide Seiten der Gleichung mit 20.

$$\frac{1 \cdot 20}{4}x + 1,6 \cdot 20 = \frac{3 \cdot 20}{5}$$

Kürze die Brüche.

$$5x + 32 = 12 \quad | -32$$

$$5x = -20 \quad | :5$$

$$x = -4$$

2. Löse die Gleichung. Vergiss nicht, Klammern zu setzen.

$$\frac{x+1}{5} = \frac{10+x}{10}$$

Lösung:

$$\frac{x+1}{5} = \frac{10+x}{10} \quad | \cdot 10$$

Der **Hauptnenner** ist 10. Multipliziere also beide Seiten der Gleichung mit 10.

$$\frac{(x+1) \cdot 10}{5} = \frac{(10+x) \cdot 10}{10}$$

Vergiss die Klammern nicht und kürze.

$$(x+1) \cdot 2 = 10 + x$$

$$2x + 2 = 10 + x \quad | -2 - x$$

$$x = 8$$

26 Löse die Gleichungen nach x auf und finde die richtige Lösung. Wie lautet das Lösungswort?

a) $\frac{2}{3}x = 5$

b) $\frac{1}{3}x - 1 = 17$

c) $\frac{y}{3} - 3 = -\frac{8}{3}$

d) $12 + \frac{x}{3} = 51$

Lösungswort: ☐☐☐☐

27 Multipliziere (falls nötig) mit dem Hauptnenner und berechne x.

a) $1\frac{1}{3}x+\frac{4}{5}=\frac{14}{15}+x$

b) $2+4x=\frac{12}{5}x+\frac{2}{3}\cdot(6+3x)$

c) $1{,}5\cdot(20-2x)=2\cdot\left(\frac{3}{2}x-15\right)$

d) $(2x+1)\cdot\frac{5}{4}=\frac{15}{8}$

e) $2\cdot(x+3)=\frac{7x+8}{2}$

f) $24\cdot\frac{2x+11}{9}=\frac{744}{9}$

28 Bestimme die Lösungen. Denke daran, Klammern zu setzen.

a) $\frac{6x}{5}=\frac{2+3x}{2}$

b) $\frac{2+3t}{2}=\frac{5t-12}{4}$

c) $\frac{t+0{,}3}{3}=\frac{9t-3{,}7+2t}{9}$

d) $2\cdot\frac{x-14}{2}=\frac{20{,}4-2}{4}$

e) $x=\frac{1}{2}-\frac{3x-15}{10}$

f) $\frac{1}{3}t+\frac{1}{30}=\frac{9t-3{,}7+2t}{9}$

29 Für das Volumen V eines Quaders gilt:
$V=a\cdot b\cdot c$
Löse nach c auf und berechne c, wenn gilt:
$V=128\ cm^3$; $a=5$ cm; $b=8$ cm

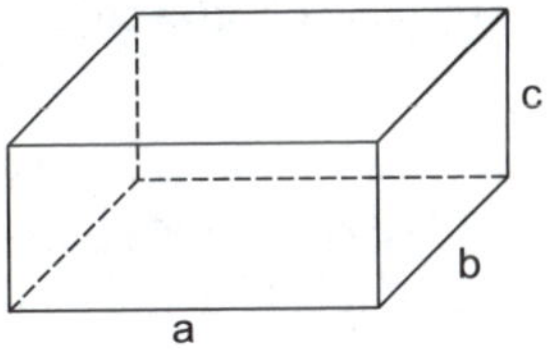

30 Für die Geschwindigkeit v gilt:
$v=\frac{s}{t}$ (s = Strecke; t = Zeit)
Löse die Gleichung nach der Zeit auf und berechne t, wenn gilt:
$s=50$ km; $v=75\ \frac{km}{h}$

31 Für die Fläche A eines Dreiecks gilt:
$A=\frac{g\cdot h_g}{2}$
Löse nach der Höhe auf und berechne h_g, wenn gilt:
$A=11{,}2\ cm^2$; $g=4$ cm

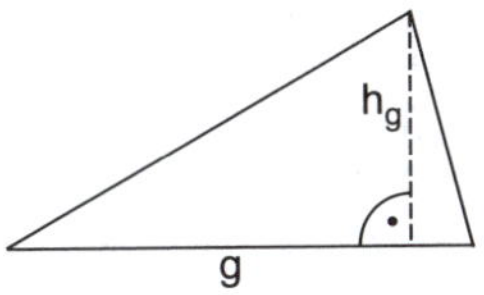

32 Für die Fläche A eines Trapezes gilt:
$A=\frac{a+c}{2}\cdot h$
Löse die Gleichung nach a auf und berechne a, wenn gilt:
$A=17{,}6\ cm^2$; $c=4{,}5$ cm; $h=3{,}2$ cm

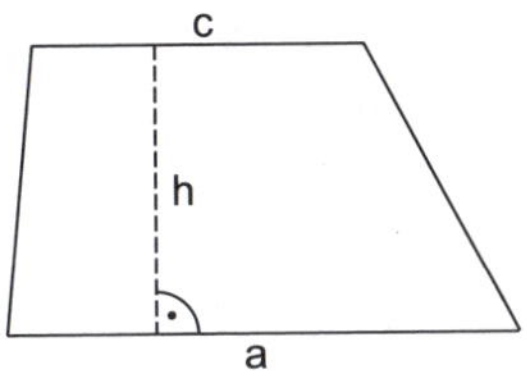

2 Gleichungen aufstellen

Denke dir eine Zahl und multipliziere sie mit 4.
Zum Ergebnis addiere 12.
Dividiere nun durch 4 und ziehe deine gedachte Zahl vom Ergebnis ab.
Ohne deine gedachte Zahl zu kennen, kann dir „Hellseher“ Merlin dein Ergebnis verraten.

Um Gleichungen zu Sachaufgaben aufzustellen und zu lösen, gehe nach folgendem Plan vor:

- Lege zuerst fest, welche Größe du mit der **Variablen** (x, y, a, b, …) bezeichnest.
- Du darfst **nur eine Variable** festlegen. Alle anderen Größen musst du mithilfe eines Terms, der diese Variable enthält, ausdrücken.
- Stelle eine **Gleichung** auf und **löse** sie wie vorne beschrieben.
- Vergiss nicht, die **Probe** durchzuführen und einen **Antwortsatz** zu schreiben.

Beispiel

Sarah und Jessi kaufen ein Geburtstagsgeschenk für ihre Freundin. Insgesamt kostet das Geschenk 16 €. Sarah zahlt 8 € mehr für das Geschenk als Jessi. Wie viel bezahlt jede der beiden?

Lösung:

Betrag Jessi: x — Lege die Variable x fest.
Betrag Sarah: $x+8$ — Drücke die anderen Größen mithilfe von x aus.
Betrag insgesamt: 16

Stelle eine Gleichung auf und löse sie.

$$\begin{aligned} x+(x+8) &= 16 \\ x+x+8 &= 16 \\ 2x+8 &= 16 \quad |-8 \\ 2x &= 8 \quad |:2 \\ x &= 4 \end{aligned}$$

oder:

Betrag Sarah: x — Du kannst die Variable auch anders festlegen.
Betrag Jessi: $x-8$
Betrag insgesamt: 16

$$\begin{aligned} x+(x-8) &= 16 \\ x+x-8 &= 16 \\ 2x-8 &= 16 \quad |+8 \\ 2x &= 24 \quad |:2 \\ x &= 12 \end{aligned}$$

Betrag Sarah:	12	Gib die Lösung an.
Betrag Jessi:	4	

Probe:

$4 + 12 = 16$ — Führe die Probe durch.

$16 = 16$ — Wahre Aussage, also ist das Ergebnis richtig.

Jessi bezahlt 4 € für das Geschenk, Sarah bezahlt 12 €. — Schreibe einen Antwortsatz.

33 Wenn du zum 3-Fachen einer Zahl 6 addierst, erhältst du dasselbe, wie wenn du die Zahl von 8 subtrahierst.
Wie lautet die Zahl?

34 4 aufeinanderfolgende Zahlen ergeben die Summe 358.
Wie heißen die 4 Zahlen?

35 Wenn ich von einer gedachten Zahl 20 subtrahiere, mit 1,5 multipliziere und anschließend die gedachte Zahl subtrahiere, dann erhalte ich dasselbe Ergebnis, wie wenn ich von 15 die Hälfte der Zahl subtrahiere und diese Differenz verdopple.
Wie heißt die gedachte Zahl?

36 In einem Dreieck ist der Winkel α um 16° größer als der Winkel β. Der Winkel γ ist um 22° größer als der Winkel α.
Wie groß sind die Winkel?

37 Herr Engel, Frau Friedrich und Frau Gerlach gründen eine Firma. Herr Engel investiert 120 000 €. Frau Friedrich gibt $\frac{1}{4}$ und Frau Gerlach $\frac{2}{3}$ des benötigten Kapitals dazu.

a) Wie groß ist das gesamte Kapital?

b) Wie viel € investieren Frau Friedrich und Frau Gerlach?

38 Herr Maier ist 3-mal so alt wie sein Sohn Kevin.
Zusammen feiern sie dieses Jahr ihren „60. Geburtstag“.
Wie alt ist der Vater, wie alt der Sohn?

39 Ein Bauer besitzt Hühner und Kaninchen. Die Tiere haben zusammen 35 Köpfe und 94 Füße.
Wie viele Kaninchen und Hühner sind es?

40 Für welche Zahl ist es gleich, ob ich sie durch 5 dividiere oder von ihr 5 subtrahiere?

41 Ein alter König hinterlässt seinen Söhnen folgendes Testament:

> Mein Erbe von 15 000 Golddukaten soll so aufgeteilt werden:
> Mein ältester Sohn erbt 2 000 Dukaten mehr als mein mittlerer Sohn.
> Mein mittlerer Sohn wiederum erhält 2 000 Dukaten mehr als mein jüngster Sohn.

Wie viele Dukaten bekommt jeder?

42 Eine Familie geht in den Zoo. Der Eintrittspreis für die Eltern ist jeweils doppelt so hoch wie für jedes der beiden Kinder. Zusammen kostet der Eintritt 36 €.

43 Ein Lottogewinn von 1 260 000 € wird unter 3 Personen so aufgeteilt, dass jeweils die folgende Person das Doppelte des Vorgängers erhält.
Wie viel Geld bekommt jeder?

44 Frau Fuchs ist heute 4-mal so alt wie ihr Sohn. In 5 Jahren wird sie nur noch 3-mal so alt sein wie er.

45 Der Durchschnitt von Pauls Zeugnisnoten ist 2,4. Er hat nur die Noten 1 (sehr gut) und 3 (befriedigend). Insgesamt hat er in 10 Fächern Noten bekommen.
Wie viele Einsen und Dreien hat Paul im Zeugnis?

46 Fischer Fritz wird gefragt, wie viele Fische er gefangen habe. Er antwortet: „Wären es 5-mal so viele, wie es wirklich sind, so hätte ich so viele Fische über 99, wie ich jetzt unter 99 habe.“
Wie viele Fische hat er gefangen?

47 Ein Hutmacher verkauft auf einem Jahrmarkt alle seine Hüte bis auf 2 Stück, und zwar so, dass er am 1. Tag $\frac{1}{3}$ des ganzen Vorrats, am 2. Tag die Hälfte des Rests, am 3. sogar $\frac{7}{8}$ des abermaligen Rests absetzt.
Wie viele Hüte hatte er dabei?

Prozent- und Zinsrechnung

In Einkaufszentren oder in Geschäften in der Innenstadt begegnen dir oft Preisschilder mit großen roten Prozentzeichen. Nicht immer hält der Preis, was diese Schilder versprechen. Mithilfe der **Prozentrechnung** kannst du die Aussagen solcher Rabattaktionen selbst überprüfen.

1 Prozentrechnung

Das Wort **Prozent** kommt vom Lateinischen „pro centum“ = „von Hundert“. Mit 1 Prozent = 1 % bezeichnet man den **hundertsten Teil** eines Ganzen.

Aufgaben zur Prozentrechnung löst du am besten über den **Dreisatz** oder mithilfe folgender **Formeln:**

$P = \frac{G \cdot p}{100} \qquad G = \frac{P \cdot 100}{p} \qquad p = \frac{P \cdot 100}{G}$

Dabei bezeichnet **G** den **Grundwert**, **P** den **Prozentwert** und **p %** den **Prozentsatz**.

Beispiele

1. Wie viele Kilometer sind 15 % von 2 500 km?

Lösung:

Berechnung mit dem Dreisatz:

$$100\,\% \mathrel{\hat{=}} 2\,500\text{ km}$$
$$1\,\% \mathrel{\hat{=}} 2\,500\text{ km} : 100 = 25\text{ km}$$
$$15\,\% \mathrel{\hat{=}} 25\text{ km} \cdot 15 = 375\text{ km}$$

Berechnung mit der Formel:

$$P = \frac{2\,500 \cdot 15}{100}\text{ km}$$
$$P = 375\text{ km}$$

2. Wie viel Prozent sind 18 \$ von 400 \$?

Lösung:

Berechnung mit dem Dreisatz:

$$400\,\$ \mathrel{\hat{=}} 100\,\%$$
$$1\,\$ \mathrel{\hat{=}} 100\,\% : 400 = 0{,}25\,\%$$
$$18\,\$ \mathrel{\hat{=}} 0{,}25\,\% \cdot 18 = 4{,}5\,\%$$

Berechnung mit der Formel:

$$p\,\% = \frac{18 \cdot 100}{400}\,\%$$
$$p\,\% = 4{,}5\,\%$$

3. John gibt 5 % seines Ersparten für eine CD aus, die 15 € kostet. Wie viele Euro hat er gespart?

Lösung:

Berechnung mit dem Dreisatz:

$$5\,\% \mathrel{\hat{=}} 15\,€$$
$$1\,\% \mathrel{\hat{=}} 15\,€ : 5 = 3\,€$$
$$100\,\% \mathrel{\hat{=}} 3\,€ \cdot 100 = 300\,€$$

Berechnung mit der Formel:

$$G = \frac{15 \cdot 100}{5}\,€$$
$$G = 300\,€$$

- Um mit dem **erhöhten Grundwert** zu rechnen, musst du den normalen Grundwert um den entsprechenden Prozentsatz erhöhen: **100 % + p %**
- Beim **verminderten Grundwert** wird der normale Grundwert um den entsprechenden Prozentsatz vermindert: **100 % – p %**

Beispiel

Mit 19 % MwSt. kostet ein Anzug 210 €. Was kostet er ohne MwSt.?

Lösung:

p % = 100 % + 19 % = 119 %

Berechnung mit dem Dreisatz:

$119\,\% \mathrel{\hat{=}} 210\,€$

$1\,\% \mathrel{\hat{=}} 210\,€ : 119$

$100\,\% \mathrel{\hat{=}} 210\,€ : 119 \cdot 100 \approx 176{,}47\,€$

Berechnung mit der Formel:

$$G = \frac{210 \cdot 100}{119}\,€$$

$$G \approx 176{,}47\,€$$

48 Von den 350 Schülern einer Hauptschule erhielten bei den Bundesjugendspielen 18 % eine Ehrenurkunde. Wie viele Ehrenurkunden wurden vergeben?

49 Eine Handwerkerrechnung beträgt 2 738 €. Es kommen noch 19 % Mehrwertsteuer hinzu. Wie viel € müssen überwiesen werden?

50 Die Erde hat einen Durchmesser von 12 800 km, der Mond von etwa 3 500 km. Wie viel Prozent des Erddurchmessers sind dies?

51 Frau Birl erhält eine Rechnung über 1 817,13 €. Die 19 % Mehrwertsteuer sind in diesem Preis bereits enthalten. Wie hoch ist die Mehrwertsteuer?

52 Clemens hat in einer Klassenarbeit 26 Punkte erzielt, das sind 65 % der Gesamtpunktzahl.
Wie hoch war die Gesamtpunktzahl?

53 Karina möchte nach ihrem Schulabschluss mit einer Freundin in den Urlaub fahren.
Sie weiß, dass ihre Oma 25 % der Kosten bezahlen möchte. $\frac{2}{5}$ der gesamten Kosten hat sie bereits gespart. Die restlichen 315 € muss sich Karina erarbeiten.
Wie teuer ist der Urlaub?

54 Nach einer Lohnerhöhung von 4,5 % verdient Erkan 18,81 € in der Stunde. Wie viel verdiente er vor der Lohnerhöhung?

55 Charly hat letztes Jahr 10 % seines Gewichts abtrainiert, ein halbes Jahr später nochmals 8 %. Jetzt wiegt er 66 kg 240 g.

a) Wie viel wog Charly vor dem zweiten Gewichtsverlust?

b) Wie viel wog Charly am Anfang?

56 Frau Paulsen zahlt für den abgebildeten Fernseher 1 666 € in bar.

a) Frau Paulsen freut sich: „Da habe ich ja 17 % gespart.“ Nimm Stellung.

b) Wie viel € hat Frau Paulsen gespart?

57 Die Grafik zeigt die Zahl der Touristen, die von 1995 bis 2007 die Malediven besucht haben.

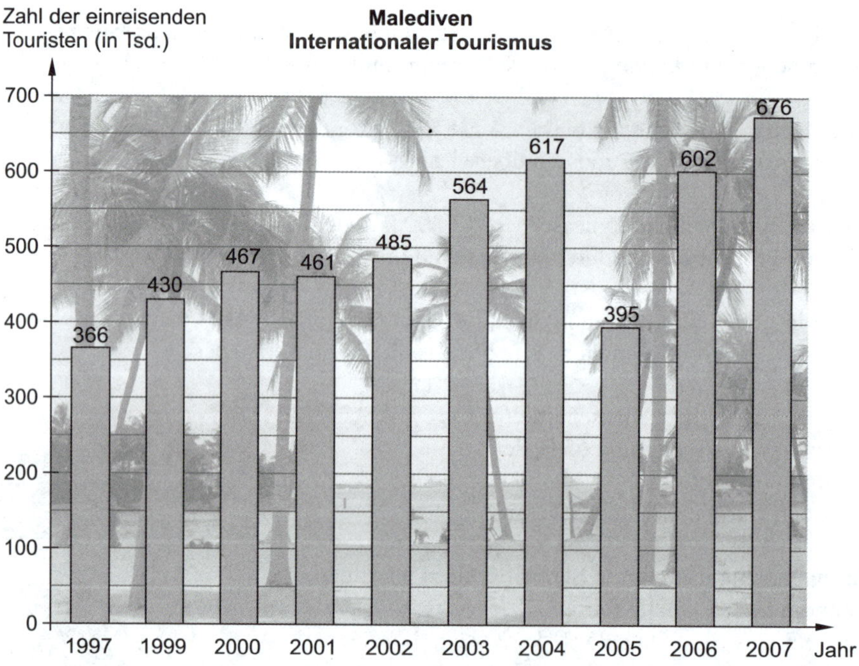

a) Um wie viel Prozent ist die Zahl der Touristen von 2004 auf 2005 gesunken?

b) Wenn von 2005 auf 2006 prozentual genauso viele Touristen weggeblieben wären: Wie viele Besucher hätten die Malediven dann im Jahr 2006 gehabt?

c) Finde mithilfe des Internets einen möglichen Grund für den Rückgang der Touristenzahlen im Jahr 2005.

58 Ein Vorführwagen wird 27 % unter dem Listenpreis für 22 630 € angeboten. Wie hoch ist der Listenpreis?

59 Eine Heimkinoanlage, die 2 100 € kostet, wird zunächst um 14 % billiger verkauft. Aufgrund der großen Nachfrage wird der Preis danach wieder um 12 % angehoben.
Um wie viel € ist die Anlage nun günstiger als am Anfang?

60 Bei einem Berglauf müssen die Läufer 1 400 Höhenmeter bewältigen. Die Luftlinie vom Start- zum Zielort beträgt dabei 13 km.
Wie viel Prozent beträgt die durchschnittliche Steigung? Runde auf eine Dezimalstelle.

61 Bei einer Bürgermeisterwahl gehen von 7 800 Wahlberechtigten 55 % zur Wahl. Bewerber A erhält 60 % der abgegebenen Stimmen.

a) Wie viele Wählerinnen und Wähler haben für Bewerber A gestimmt?

b) Wie viel Prozent der Wahlberechtigten sind das?

62 In einer Kleinstadt leben 1 157 Frauen mit Migrationshintergrund. Das sind 25 % aller weiblichen Bewohner dieser Stadt, die einen Anteil von 52 % an der Gesamtbevölkerung haben.
Wie viele Menschen leben in der Stadt?

63 Die Grafik zeigt die Anzahl der Fortzüge aus Deutschland innerhalb eines Jahres sowie die wichtigsten Zielländer.
Insgesamt haben 155 290 Deutsche ihre Heimat verlassen.

a) Wie viel Prozent der Fortzüge führten nicht in die genannten Staaten?

b) Insgesamt erwarben 124 566 Personen die deutsche Staatsbürgerschaft. Vergleiche prozentual mit der Zahl der Auswanderer.

c) Im darauffolgenden Jahr wurden 113 030 Personen deutsche Staatsbürger. Vergleiche mit der Zahl des vorherigen Jahres.

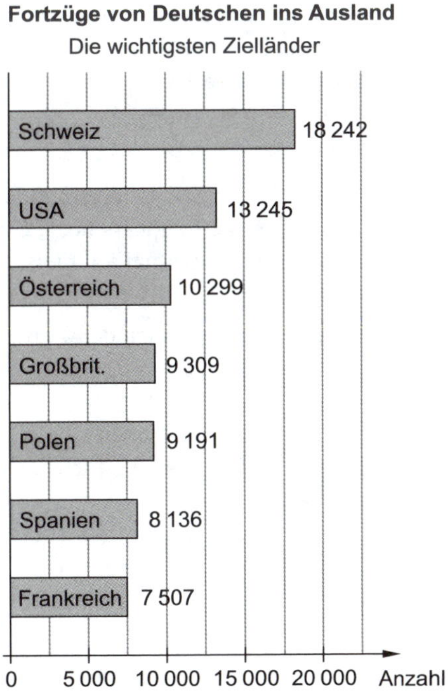

64 Die Tabelle zeigt die Steuereinnahmen von Bund, Ländern und Gemeinden in Deutschland in den Jahren 2006 und 2007 (in Mio. €).

Steuerart	**2006**	**2007**
Gemeinschaftliche Steuern		
Lohnsteuer	122 612	131 773
Veranlagte Einkommenssteuer	17 566	25 027
Kapitalertragsteuer	19 537	24 969
Körperschaftsteuer	22 898	22 929
Steuern vom Umsatz	146 688	169 636
Reine Bundessteuern		
Energiesteuer	39 916	38 955
Tabaksteuer	14 387	14 254
Branntweinsteuer	2 160	1 959
Versicherungsteuer	8 775	10 331
Stromsteuer	6 273	6 355
Sonstige Bundessteuern	12 705	13 837
EU-Zölle	3 880	3 983
Reine Ländersteuern		
Vermögensteuer	27	5
Kraftfahrzeugsteuer	8 937	8 898
Biersteuer	779	757
Erbschaftsteuer	3 763	4 203
Sonstige Ländersteuern	8 223	8 973
Gemeindesteuern		
Gewerbesteuer	38 369	40 116
Grundsteuer	10 398	10 713
Sonstige Gemeindesteuern	551	572
Steuereinnahmen insgesamt	**488 444**	**538 245**

Quelle: Bundesfinanzministerium 2008

a) In welchem der 4 großen Bereiche (gemeinschaftliche Steuern, reine Bundessteuern, reine Ländersteuern, Gemeindesteuern) sind die Steuereinnahmen insgesamt prozentual am meisten gestiegen, in welchem Bereich am meisten gesunken?

b) Stelle die Einnahmen der 4 großen Bereiche aus dem Jahr 2007 mithilfe einer Tabellenkalkulation in einem Kreisdiagramm dar.

65 Im letzten Jahr entschieden sich insgesamt 4 140 Personen für eine Organspende.
Lies aus dem Kreisdiagramm ab, wie viel Prozent der Organspenden auf das Herz entfielen.

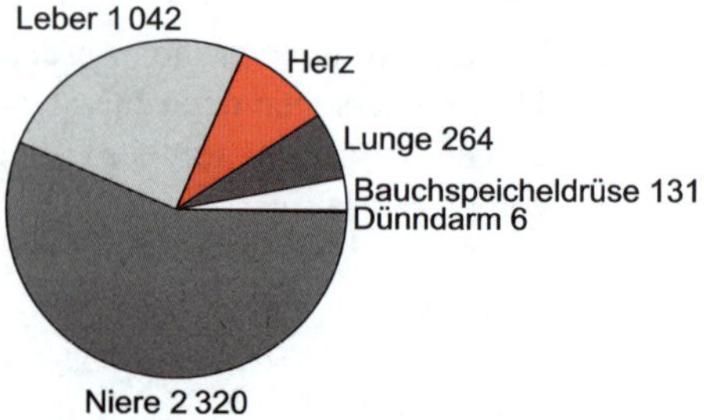

2 Zinsrechnung

Hast du dein Geld bei einer Bank angelegt, bekommst du am Ende eines jeden Jahres **Zinsen** gutgeschrieben. Die Höhe der Zinsen hängt dabei von der Höhe deines **Kapitals** (das Geld, das du angelegt hast) und von dem vereinbarten **Zinssatz** ab. Bezieht sich die Zinsrechnung auf ein Jahr, verläuft sie wie die Prozentrechnung.

Die Aussage „Ein Kapital von 5 000 € bringt bei einem Zinssatz von 7 % nach einem Jahr 350 € Zinsen" enthält folgende Bestandteile:

Kapital K	(entspricht in der Prozentrechnung dem Grundwert)
Zinssatz p %	(entspricht in der Prozentrechnung dem Prozentsatz)
Zinsen Z	(Jahreszinsen entsprechen dem Prozentwert)
Zeit t	

Aufgaben zur Zinsrechnung, die sich auf **1 Jahr** beziehen, löst du am besten über den **Dreisatz** oder mithilfe folgender **Formeln:**

$$Z = \frac{K \cdot p}{100} \qquad K = \frac{Z \cdot 100}{p} \qquad p = \frac{Z \cdot 100}{K}$$

Beispiele

1. Wie viele **Zinsen** bekommst du nach einem Jahr für ein Kapital von 3 000 € bei einem Zinssatz von 3,5 %?

Lösung:

Berechnung mit dem Dreisatz:

$100\,\% \mathrel{\hat{=}} 3\,000\text{ €}$

$1\,\% \mathrel{\hat{=}} 3\,000\text{ €} : 100 = 30\text{ €}$

$3{,}5\,\% \mathrel{\hat{=}} 30\text{ €} \cdot 3{,}5 = 105\text{ €}$

Berechnung mit der Formel:

$$Z = \frac{3\,000 \cdot 3{,}5}{100}\text{ €}$$

$Z = 105\text{ €}$

2. Du leihst dir von deiner Bank für ein Jahr 1 000 € und musst 45 € Zinsen bezahlen.
Wie hoch war der **Zinssatz**?

Lösung:

Berechnung mit dem Dreisatz:

$1\,000\text{ €} \mathrel{\hat{=}} 100\,\%$

$1\text{ €} \mathrel{\hat{=}} 100\,\% : 1\,000 = 0{,}1\,\%$

$45\text{ €} \mathrel{\hat{=}} 0{,}1\,\% \cdot 45 = 4{,}5\,\%$

Berechnung mit der Formel:

$$p\,\% = \frac{45 \cdot 100}{1\,000}\,\%$$

$p\,\% = 4{,}5\,\%$

3. Bei einem Zinssatz von 7 % zahlt eine Bank 770 € Zinsen.
Welches **Kapital** wurde angelegt?

Lösung:

Berechnung mit dem Dreisatz:

$7\,\% \mathrel{\hat{=}} 770\,€$

$1\,\% \mathrel{\hat{=}} 770\,€ : 7 = 110\,€$

$100\,\% \mathrel{\hat{=}} 110\,€ \cdot 100 = 11\,000\,€$

Berechnung mit der Formel:

$$K = \frac{770 \cdot 100}{7}\,€$$

$$K = 11\,000\,€$$

66 Elena hat in den Sommerferien 495 € verdient. Sie legt ihr Geld für 1 Jahr an. Wie viele Zinsen bekommt sie, wenn der Zinssatz 3 % beträgt?

67 Wie hoch ist der Zinssatz, wenn ein Kapital von 32 000 € in einem Jahr 1 520 € Zinsen bringt?

68 Frau Klinger kauft eine neue Küche für 3 250 € und finanziert diese über einen Kredit.
Wie viel Geld muss sie nach einem Jahr zurückzahlen, wenn der Zinssatz 7,8 % beträgt?

69 Herr Grasu möchte einen Kredit über 25 000 € aufnehmen.
Für welches der folgenden Angebote sollte er sich entscheiden?

70 Für ein Grundstück im Wert von 64 000 € verlangt Herr Hinrichs monatlich 400 € Pacht.
Mit wie viel Prozent verzinst sich dadurch das Grundstück pro Jahr?

71 Frau Sparsam bringt 2 000 € auf die Bank und legt das Geld für 3 Jahre zu einem Zinssatz von 5 % an. Die Zinsen, die sie am Ende eines jeden Jahres erhält, hebt sie jeweils ab.
Wie viel € mehr hätte Frau Sparsam nach 3 Jahren, wenn sie die Zinsen nicht abheben würde?

72 Auf welchen Betrag steigt ein Guthaben von 9 000 € bei einem Zinssatz von 4 % nach 3 Jahren, wenn die Zinsen mitverzinst werden?
Berechne (mithilfe eines Tabellenkalkulationsprogramms) und stelle das jeweilige Jahresendkapital in einem geeigneten Schaubild dar.

73 Gitte legt 10 000 € zu folgenden Konditionen an:

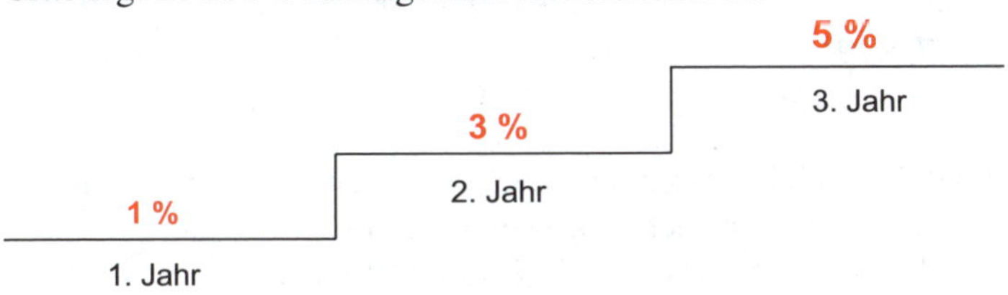

Die Zinsen lässt Gitte jeweils auf dem Konto.
Wie hoch ist das Guthaben nach 3 Jahren? Stelle die Entwicklung in einem geeigneten Diagramm dar (Tabellenkalkulation).

Wenn du dein Geld nicht für ein ganzes Jahr anlegen möchtest, sondern nur für einige Tage oder Monate, musst du bei der Zinsrechnung die **Zeit t** mit berücksichtigen.

Aufgaben zur Zinsrechnung, die sich **nicht** auf ein Jahr beziehen, löst du …

- mit **2 Dreisätzen**, von denen der erste zur Bestimmung der Jahreszinsen dient, der zweite zur Bestimmung der gesuchten Größe, **oder**
- mithilfe folgender **Formeln:**

$$Z = \frac{K \cdot p \cdot t}{100 \cdot 12} \qquad p = \frac{Z \cdot 100 \cdot 12}{K \cdot t} \qquad K = \frac{Z \cdot 100 \cdot 12}{p \cdot t} \qquad t = \frac{Z \cdot 100 \cdot 12}{K \cdot p}$$

Ein **Jahr** hat in der Zinsrechnung **360 Tage**; ein **Monat** umfasst **30 Tage**.
Mit den angegebenen Formeln berechnest du **Monatszinsen**.
Möchtest du **Tageszinsen** berechnen, musst du in der jeweiligen Formel die 12 (Monate) durch 360 (Tage) ersetzen.

eispiele

1. Wie viel **Zinsen** bringt ein Kapital von 15 000 € in 2 Monaten, wenn der Zinssatz 3,5 % beträgt?

Lösung:

Berechnung der Jahreszinsen:

100 % ≙ 15 000 €
1 % ≙ 15 000 € : 100 = 150 €
3,5 % ≙ 150 € · 3,5 = 525 €

Berechnung der Zinsen für 2 Monate:

12 Monate ≙ 525 €
1 Monat ≙ 525 € : 12 = 43,75 €
2 Monate ≙ 43,75 € · 2 = **87,50 €**

2. Nach einem $\frac{3}{4}$ Jahr bekommt Klaus für sein Guthaben von 2 000 € von der Sparkasse 27 € Zinsen.
Wie hoch war der **Zinssatz**?

Lösung:

Berechnung der Jahreszinsen:	Berechnung des Zinssatzes:
9 Monate ≙ 27 €	2 000 € ≙ 100 %
1 Monat ≙ 27 € : 9 = 3 €	1 € ≙ 100 % : 2 000 = 0,05 %
12 Monate ≙ 3 € · 12 = 36 €	36 € ≙ 0,05 % · 36 = **1,8 %**

3. Familie Calmak hat sich bei einer Bank Geld geliehen. Die Bank verlangt 12 % Zinsen. Diese betragen nach 8 Monaten 1 280 €.
Wie hoch war das **Kapital**, dass sich die Familie geliehen hat?

Lösung:

$$K = \frac{1\,280 \cdot 100 \cdot 12}{12 \cdot 8} \text{ €} \qquad K = \frac{Z \cdot 100 \cdot 12}{p \cdot t}$$

K = **16 000 €**

4. Eine Wettgemeinschaft hat im Lotto gewonnen. Frau Fritz legt ihren Anteil von 250 000 € bei einer Bank an, die 1,5 % Zinsen zahlt.
Wie viele **Monate** hat sie das Geld angelegt, wenn sie 15 625 € Zinsen erhält?

Lösung:

$$t = \frac{15\,625 \cdot 100 \cdot 12}{250\,000 \cdot 1{,}5} \text{ Monate} \qquad t = \frac{Z \cdot 100 \cdot 12}{K \cdot p}$$

t = **50 Monate**

74 Wie viel € Zinsen bringen 540 € zu 4 % in 11 Monaten?

75 Eva zahlt ihre Schulden bei einem Zinssatz von 6 % nach einem halben Jahr mit 64,50 € Zinsen zurück.
Wie hoch waren ihre Schulden?

76 Herr Gernegroß hat ein Monatsgehalt von 3 500 €.
Nun hat er sich ausgerechnet, welchen Lottogewinn er braucht, damit ihm eine 5-prozentige Verzinsung ebenso viel einbringt wie seine Arbeit.
Wie hoch müsste der Lottogewinn sein?

77 Ein Vater leiht seinem Sohn 60 000 € und verlangt dafür 2 450 € Zinsen.
Wie lange hat sein Sohn das Geld ausgeliehen, wenn der Zinssatz 4,9 % beträgt?

78 Betrachte folgende Zeitungsannonce.

> **Brauchen Sie schnell Geld?** Unbürokratisch hilft „Firma Vielverleih".
> Z. B.: Darlehen von 2 500 €, Laufzeit 6 Monate, Tageszins nur 1,50 €.

Wie hoch ist der Zinssatz?

79 Rahel möchte sich ein Buch kaufen und leiht sich dafür von Valentin 30 €. Nach 2 Monaten will sie ihre Schulden zurückzahlen, doch Valentin wünscht sich stattdessen ein Hörbuch für 35 €.
Welchen Zinssatz legt er zugrunde?

80 Für ein Darlehen von 15 000 € muss Herr Tamer bei 8,5 % Zinsen 16 062,50 € zurückzahlen. Nach wie vielen Tagen hat er seine Schulden beglichen?

81 Ein Elektronikmarkt wirbt mit folgendem Angebot:

Welcher Zinssatz liegt der Ratenzahlung zugrunde?

82 Herr Klein hat 2 Sparverträge: Auf dem einen Konto hat er 48 000 €, der Zinssatz beträgt 3 %. Auf dem anderen Konto hat er ein Guthaben von 363 000 € bei 4 % Zinsen.
Wie viel Zinsen erhält Herr Klein monatlich?

83 Familie Gonzales hat sich ein neues Auto gekauft. 3 Kleinwagen standen zur Auswahl.

Bei einer Zahlung in 12 Monatsraten beträgt der Jahreszins 8 %.
Familie Gonzales zahlt monatlich 967,50 € ab.

a) Welches Auto hat sich Familie Gonzales gekauft?
b) Wie hoch sind (bei gleichem Zinssatz) die Monatsraten der beiden anderen Autos?

Geometrische Flächen

Dieses Denkmal befindet sich auf der griechischen Insel Samos und stellt den Philosophen und Mathematiker Pythagoras von Samos in einem **rechtwinkligen Dreieck** dar. Pythagoras lebte vor über 2 500 Jahren und ist der Namensgeber für den wohl bekanntesten Lehrsatz der Geometrie – den **Satz des Pythagoras**. Mithilfe dieses Satzes kann man in einem rechtwinkligen Dreieck bei zwei gegebenen Seitenlängen die Länge der dritten Seite berechnen.

1 Regelmäßige Vielecke

Auch wenn das Stoppschild im Winter eingeschneit ist, kannst du es immer noch an seiner charakteristischen Form erkennen: Es ist das einzige Verkehrszeichen weltweit, das **8 Ecken** und **8 gleich lange Seiten** hat.

Für alle **regelmäßigen Vielecke** (n-Ecke) gilt:
- Alle **n Eckpunkte** liegen auf dem **Umkreis**.
- Alle **n Seiten s** sind **gleich lang**.
- Sie bestehen aus **n Bestimmungsdreiecken**.

Die Bestimmungsdreiecke …
- sind **gleichschenklige Dreiecke**,
- haben den **Mittelpunktswinkel** $\beta = \frac{360°}{n}$,
- haben die **Basiswinkel** $\alpha = \frac{180° - \beta}{2}$.

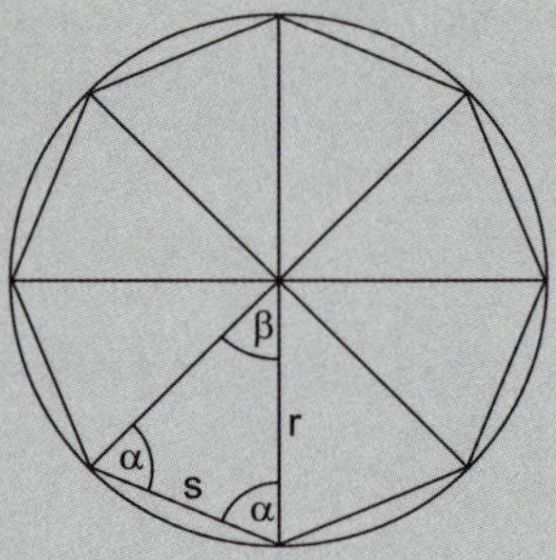

Beispiel

Zeichne ein regelmäßiges 5-Eck mit der Seitenlänge s = 2 cm.

Lösung:

▶ **Mittelpunktswinkel:**

$$\beta = \frac{360°}{5} = 72°$$

Berechne zunächst den Mittelpunkts- und die Basiswinkel eines 5-Ecks.

▶ **Basiswinkel:**

$$\alpha = \frac{180° - 72°}{2} = 54°$$

▶ **Planfigur:**

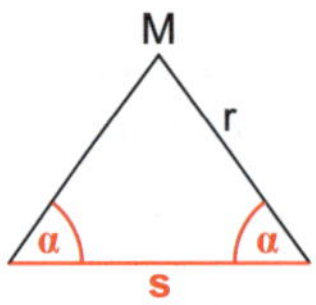

Zeichne eine Planfigur des Bestimmungsdreiecks und trage die gegebenen Werte ein.

▶ **Zeichnung:**

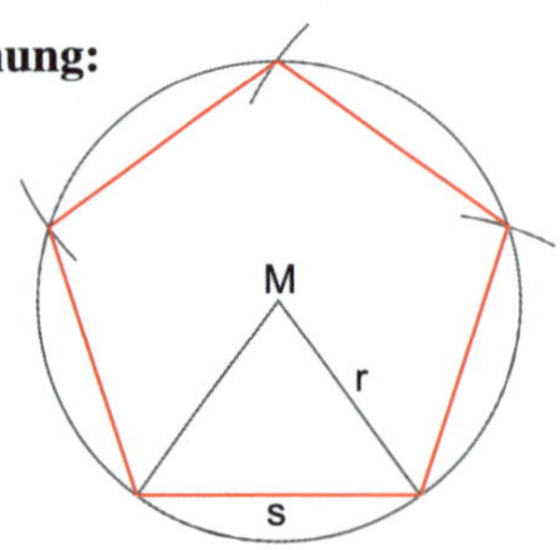

- Zeichne das Bestimmungsdreieck nach Winkel-Seite-Winkel.
- Zeichne den Umkreis um M mit Radius r.
- Trage auf dem Umkreis die Seitenlängen s ab.
- Verbinde die Schnittpunkte zu einem 5-Eck.

84 Ergänze zu regelmäßigen Vielecken.

a)

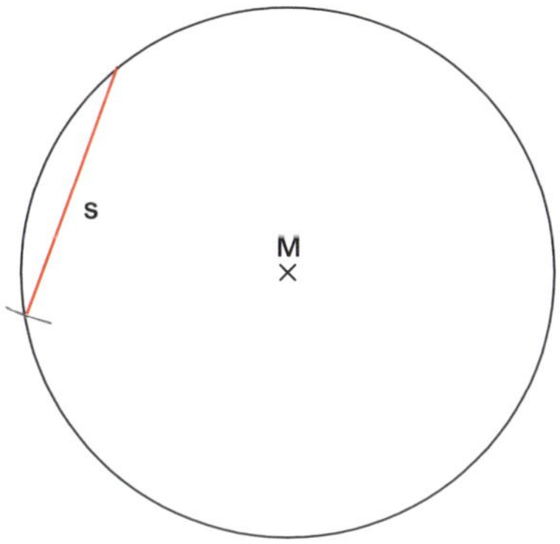

b)

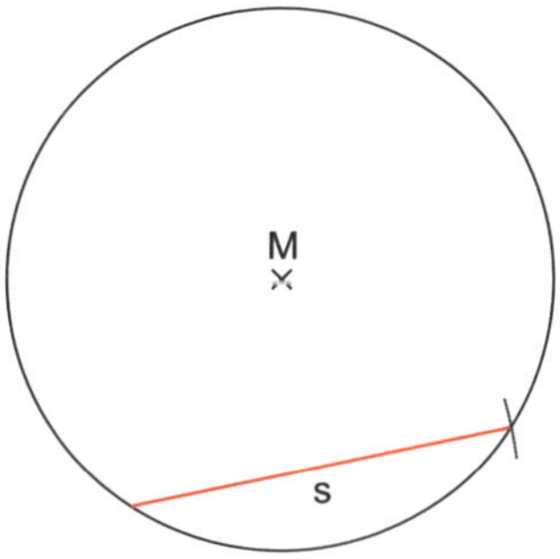

85 Zeichne ein regelmäßiges 10-Eck mit s = 3 cm. Fertige dazu zuerst eine Planfigur an und beschreibe deine Zeichenschritte.

86 Von einem regelmäßigen 7-Eck ist der Radius des Umkreises gegeben: r = 3,5 cm. Zeichne das Vieleck und beschreibe, wie du zu deiner Lösung kommst.

87 Sieh dir die Dreiecke genau an. Welches könnte ein Bestimmungsdreieck eines regelmäßigen Vielecks sein? Begründe deine Antwort.

a)

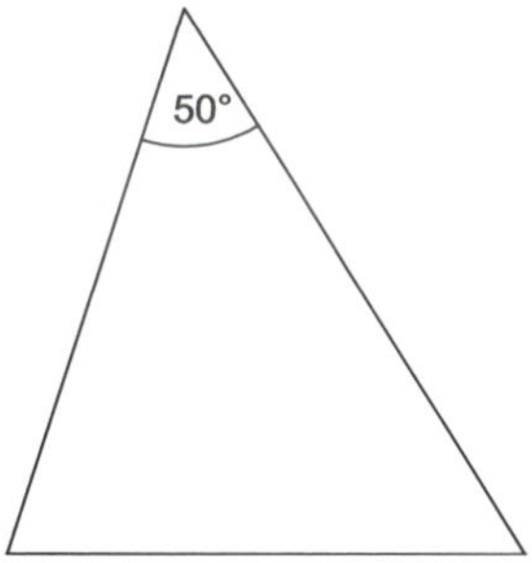

b)

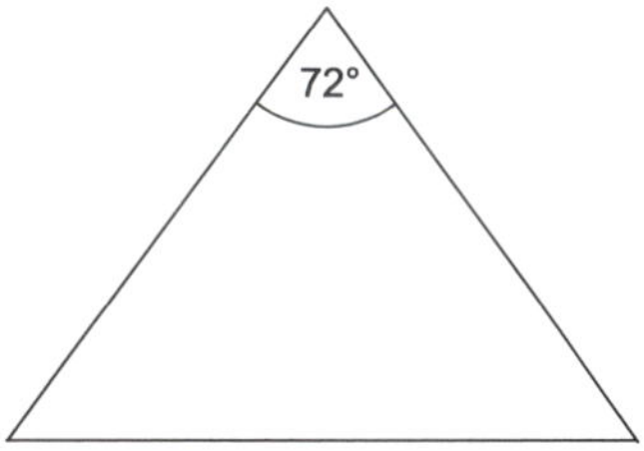

- Für den **Umfang** eines regelmäßigen Vielecks mit n Ecken und der Seitenlänge s gilt: $u = n \cdot s$
- Für den **Flächeninhalt** eines regelmäßigen Vielecks mit n Ecken gilt: $A = n \cdot A_{Bestimmungsdreieck}$

Beispiel

Berechne Umfang und Flächeninhalt eines regelmäßigen 8-Ecks mit s = 4,5 cm. Die Höhe des Bestimmungsdreiecks ist h = 5,4 cm.

Lösung:

▶ **Umfang:**

$u = 8 \cdot 4{,}5\ \text{cm}$
$u = 36\ \text{cm}$

Setze die gegebenen Werte in die Formel ein. Ein 8-Eck hat **8 Ecken**, also gilt: n = 8.

▶ **Flächeninhalt:**

$A_{\text{B-Dreieck}} = \frac{4{,}5 \cdot 5{,}4}{2}\ \text{cm}^2$

$A_{\text{B-Dreieck}} = 12{,}15\ \text{cm}^2$

Berechne zunächst die Fläche des Bestimmungsdreiecks.

$A = 8 \cdot 12{,}15\ \text{cm}^2$

$A = 97{,}2\ \text{cm}^2$

Setze den Wert in die Formel für den Flächeninhalt ein.

88 Berechne den Flächeninhalt und Umfang dieser Vielecke.

a)

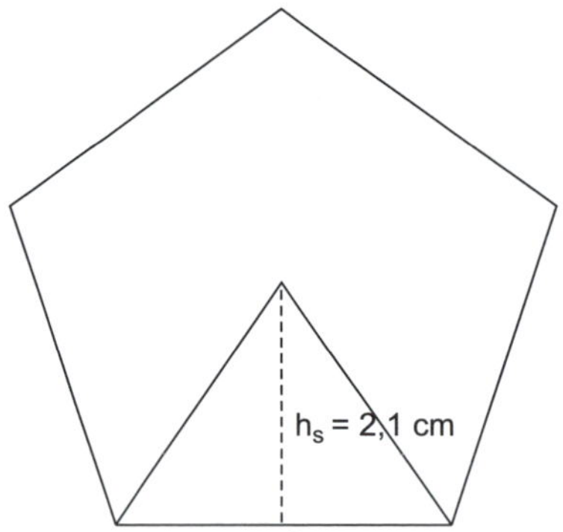

b)

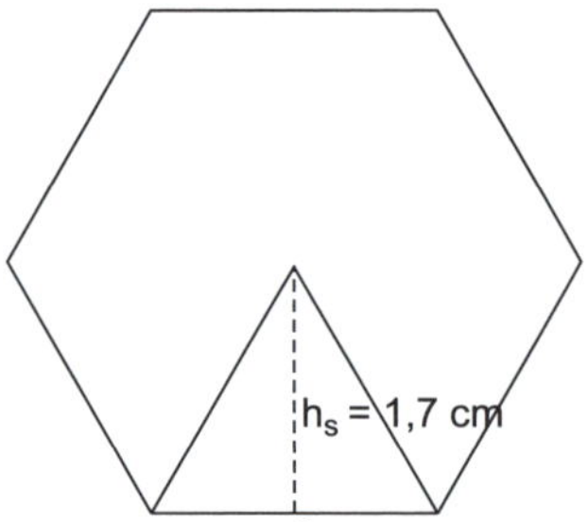

89 Ein 8-eckiges Stoppschild hat einen Umfang von 7,2 m. Wie lang ist eine Seite?

90 Der Boden eines regelmäßigen 6-eckigen Pools soll neu gefliest werden. Wie groß ist die Fläche, wenn eine Seite 4 m lang ist? Fertige eine Zeichnung an und entnimm daraus die fehlenden Maße (Maßstab der Zeichnung: 1 : 100).

91 Das Pentagon (griechisch: 5-Eck) ist der Sitz des US-amerikanischen Verteidigungsministeriums und das fünftgrößte Gebäude der Welt; jede Außenseite hat eine Länge von 280 m. Fertige eine maßstabsgetreue Zeichnung des Pentagons an und berechne Umfang und Fläche des 5-Ecks. Benötigte Maße kannst du deiner Zeichnung entnehmen.

2 Der Lehrsatz des Pythagoras

Falte in ein Blatt Papier 4 verschieden große Eselsohren und miss jeweils die Seitenlängen der entstandenen Dreiecke. Quadriere nun deine Messergebnisse. Fällt dir etwas auf?

Der **Satz des Pythagoras** lautet:
„In einem **rechtwinkligen Dreieck** ist die Summe der Kathetenquadrate gleich dem Quadrat über der Hypotenuse."

Im rechtwinkligen Dreieck gilt:
- Die beiden **Katheten** bilden den rechten Winkel.
- Die **Hypotenuse** liegt dem rechten Winkel gegenüber.

Ist c die Hypotenuse und sind a und b die Katheten, dann gilt:
$\mathbf{c^2 = a^2 + b^2}$

Daraus folgt:
$c = \sqrt{a^2 + b^2}$ $a = \sqrt{c^2 - b^2}$ $b = \sqrt{c^2 - a^2}$

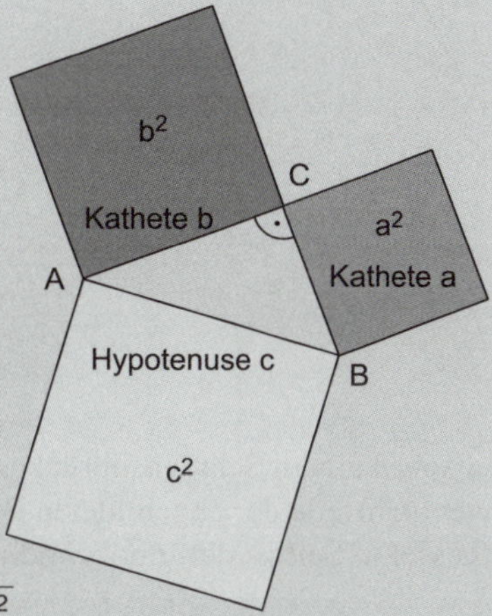

eispiel

Ein rechtwinkliges Dreieck hat Katheten der Länge a = 5 cm und b = 7 cm. Wie lang ist die Hypotenuse c?

Lösung:

$c = \sqrt{5^2 + 7^2}$ cm — Setze die gegebenen Werte in die richtige Formel ein.

$c = \sqrt{25 + 49}$ cm

$c = \sqrt{74}$ cm

$c \approx 8{,}6$ cm — Runde sinnvoll.

92 Berechne jeweils die Länge der fehlenden Seite des rechtwinkligen Dreiecks. Runde auf eine Dezimalstelle.

	Kathete a	Kathete b	Hypotenuse c
a)	1,2 m	1,7 m	
b)	5,1 m	7,5 m	
c)	17 cm		26 cm
d)		8 mm	14 mm

93 Hier siehst du rechtwinklige Dreiecke. Schreibe für jedes Dreieck den Satz des Pythagoras mit den in der Zeichnung verwendeten Bezeichnungen auf.

a)

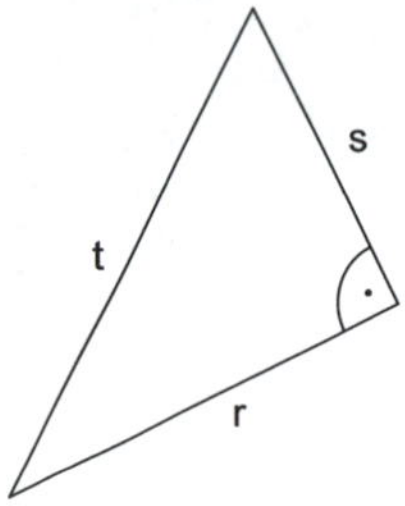

b)

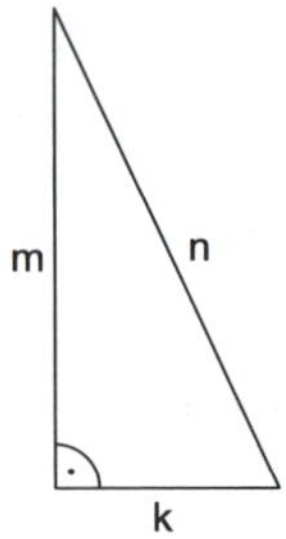

c)

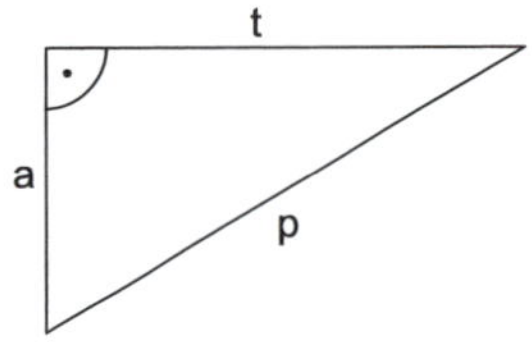

d)

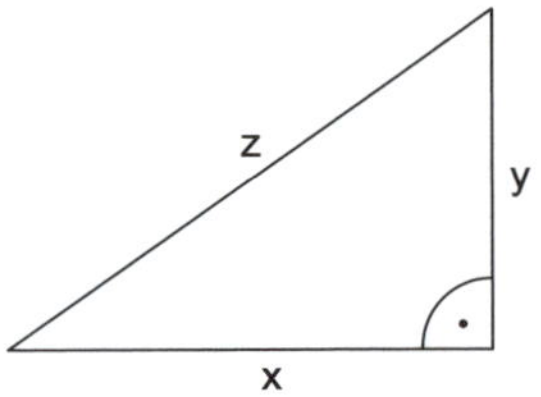

94 Bei sogenannten Schrägseilbrücken ist die Fahrbahn an Stahlseilen „aufgehängt". Zwei Stahlseile der abgebildeten Brücke müssen ausgetauscht werden. Wie viel m Seil ist dafür notwendig? Runde sinnvoll.

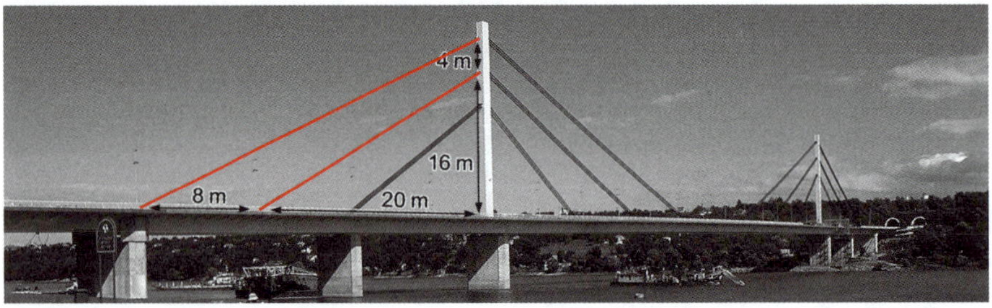

95 Berechne die Länge der Strecke x. Runde auf eine Dezimalstelle.

a)

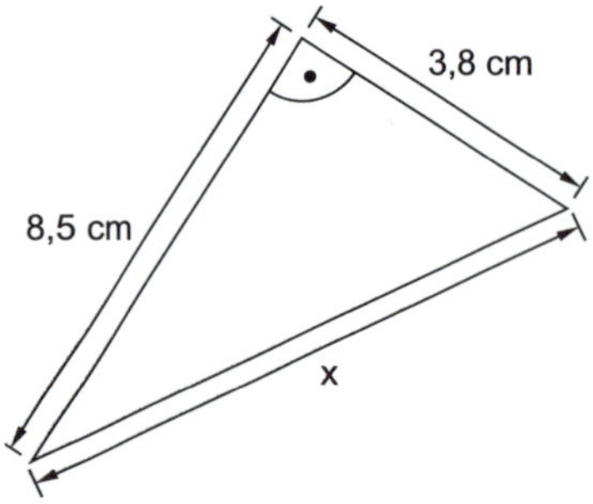

b)

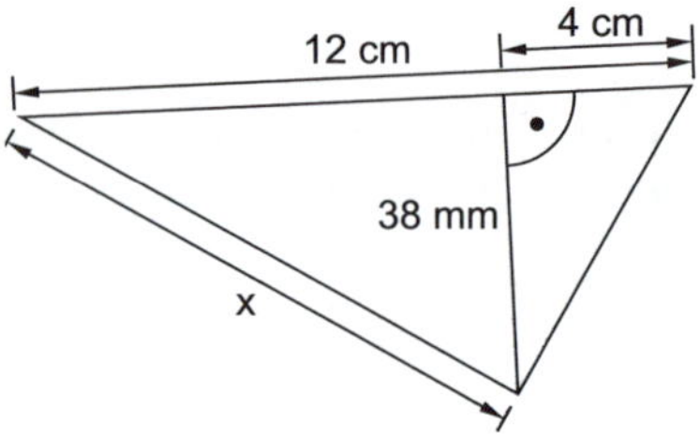

96 Die Maße eines Rechtecks lauten a = 6 cm und b = 4 cm. Zeichne das Rechteck und berechne die Länge der Rechteckdiagonalen.

97 Ein Quadrat hat die Seitenlänge a = 5 cm. Berechne die Länge seiner Diagonalen.

98 Auf einem Spielplatz wird ein neuer Turm mit Rutsche errichtet.

a) Wie lang ist die Rutschbahn?

b) Um wie viele m höher müsste die Rutsche sein, damit die Rutschbahn 5 m lang wäre?

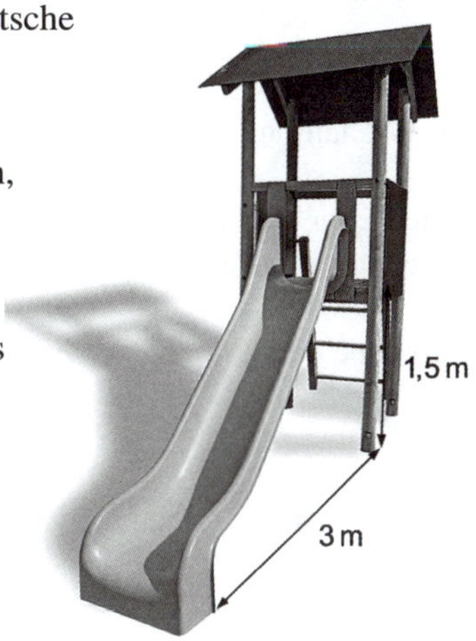

99 Ein Rechteck hat einen Umfang von 24 cm.
Setze folgende Tabelle fort und berechne für jedes Rechteck die Länge der Diagonalen.

Seite a	Seite b	Diagonale d
1 cm	11 cm	
2 cm	10 cm	
⋮	⋮	

Was fällt dir auf?

100 Berechne die Seitenlängen der Dreiecke. Zeichne dazu rechtwinklige Dreiecke ein, von denen du die Seitenlänge durch Abzählen der Kästchen bestimmen kannst (1 Kästchen ist 0,5 cm lang).

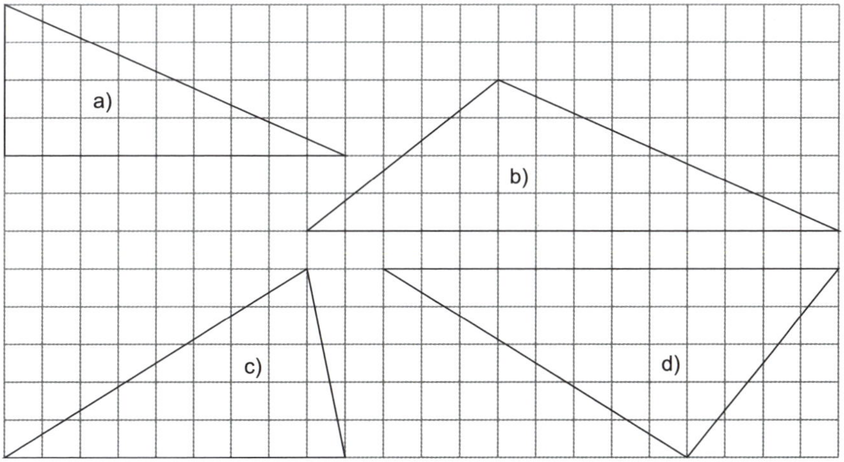

101 In der Zeichnung ist ein Damm dargestellt.

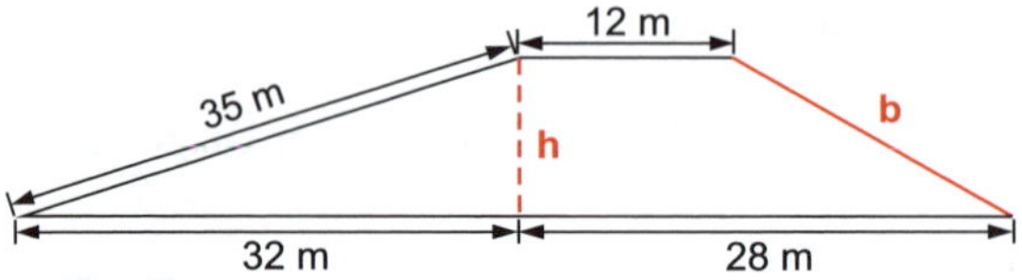

a) Wie hoch ist der Damm?

b) Wie lang ist die Böschung b?

102 Eine Leiter ist 14 m lang. Bis zu welcher Höhe reicht sie, wenn sie 2,5 m von der Hausmauer entfernt an die Wand gelehnt wird? Fertige eine Skizze an.

103 Berechne den Umfang der Figur.

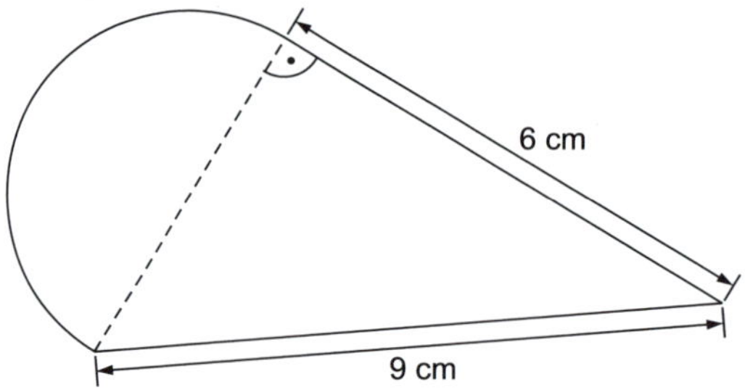

104 Ein Baum wurde 2 m über dem Boden von einem Sturm geknickt. Seine Spitze berührt 9,8 m entfernt den Boden. Wie hoch war der Baum vor dem Sturm? Fertige eine Skizze an.

105 Eine Raute hat folgende Maße:

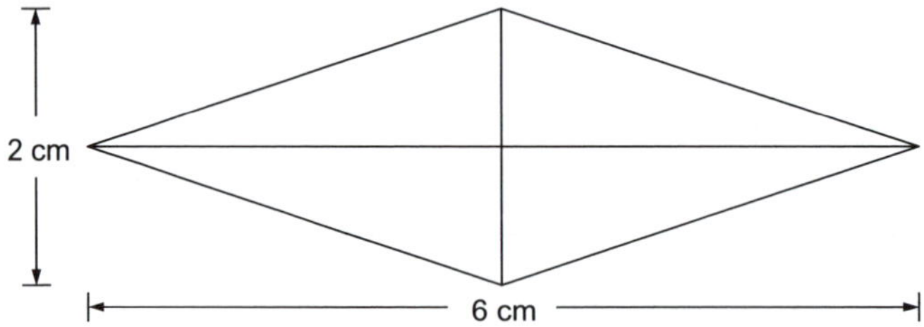

a) Berechne ihren Umfang.

b) Verschiebe die kürzere Diagonale 3-mal um jeweils 0,5 cm nach links und berechne die Umfänge der entstandenen Drachen.
Was fällt dir auf?

c) Verlängere die kurze Diagonale der Raute so, dass ein Quadrat entsteht. Berechne den Umfang.

106 Ein Dreieck hat die Maße $a = 4{,}6$ cm, $b = 3{,}4$ cm und $h_c = 3$ cm.

a) Fertige eine Skizze an.

b) Berechne die Länge der Seite c.

c) Zeichne das Dreieck mit Zirkel und Lineal.

107 Fußbälle kann man herstellen, indem man zwölf 5-Ecke und zwanzig 6-Ecke zusammennäht. Die Kantenlänge der Vielecke beträgt dabei jeweils 4 cm.

a) Fertige Zeichnungen der beiden Vielecke an.

b) Berechne den Flächeninhalt von einem 6-Eck.

108 Ein Würfel hat die Kantenlänge $a = 6$ cm.
Berechne die Länge $\overline{EC}$ der Raumdiagonalen.

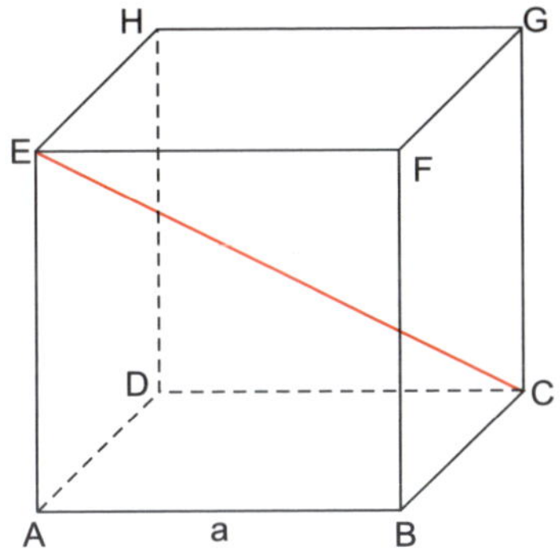

109 Ein Quader hat die Kantenlängen $a = 6$ cm, $b = 4$ cm und $c = 3$ cm.
Berechne die Länge $\overline{EC}$ der Raumdiagonalen.

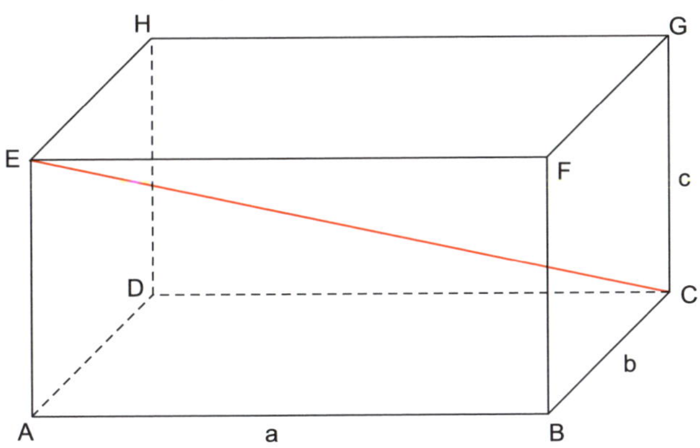

3 Berechnungen an weiteren Flächen

Chiara bastelt für ihre Halloween-Party Einladungen in Geisterform.
Aus wie vielen cm^2 Papier besteht eine Einladung?

- Um Berechnungen an **zusammengesetzten Flächen** durchzuführen, musst du sie in **berechenbare Teilflächen** zerlegen.
- Berechenbare Teilflächen sind z. B. Quadrate, Rechtecke, Kreise, Trapeze, Dreiecke und Parallelogramme.

Beispiele

1. Berechne, aus wie vielen cm^2 Papier eine Einladung besteht.

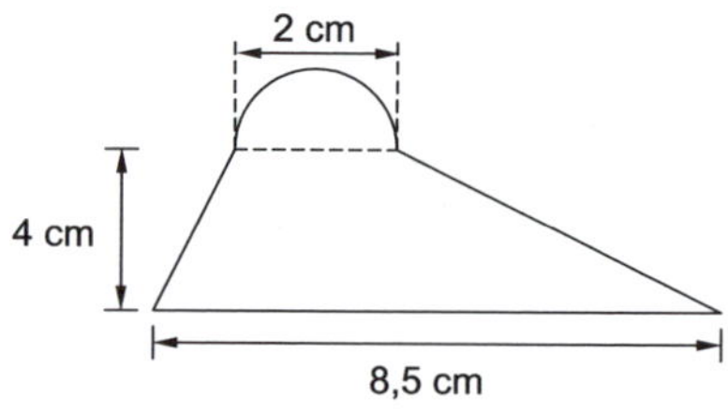

Du kannst die Fläche in einen **Halbkreis** und ein **Trapez** zerlegen.

Lösung:

▶ **Halbkreis:**

$A_{HK} = \mathbf{0{,}5} \cdot \pi \cdot r^2$

$A_{HK} = 0{,}5 \cdot \pi \cdot 1^2\ cm^2$

$A_{HK} \approx 1{,}57\ cm^2$

▶ **Trapez:**

$A_T = \frac{a+c}{2} \cdot h$

$A_T = \frac{8{,}5+2}{2} \cdot 4\ cm^2$

$A_T = 21\ cm^2$

▶ **Gesamtfläche:**

$A_{ges} = A_{HK} + A_T$

$A_{ges} = 1{,}57\ cm^2 + 21\ cm^2$

$A_{ges} = 22{,}57\ cm^2$

Um die Gesamtfläche zu berechnen, **addiere** die Fläche des Halbkreises zur Fläche des Trapezes.

2. Berechne den Flächeninhalt der grauen Fläche.

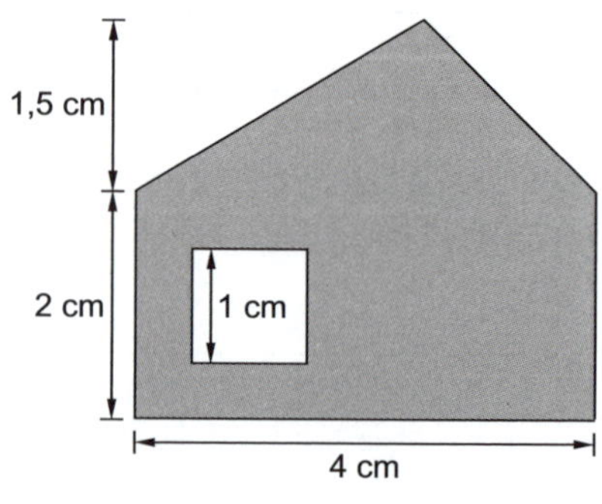

Lösung:

▶ **Dreieck:**

$A_D = \frac{g \cdot h_g}{2}$

$A_D = \frac{4 \cdot 1{,}5}{2}\ cm^2$

$A_D = 3\ cm^2$

- **Rechteck:**
  $A_R = a \cdot b$
  $A_R = 4 \cdot 2\ cm^2$
  $A_R = 8\ cm^2$
- **Quadrat:**
  $A_Q = a \cdot a = a^2$
  $A_Q = 1\ cm^2$

Du kannst die Fläche in ein **Dreieck** und ein **Rechteck**, aus dem ein **Quadrat** herausgeschnitten wurde, zerlegen.

- **Gesamtfläche:**
  $A_{ges} = A_D + A_R - A_Q$
  $A_{ges} = 3\ cm^2 + 8\ cm^2 - 1\ cm^2$
  $A_{ges} = 10\ cm^2$

Um die Gesamtfläche zu berechnen, **addiere** die Fläche des Dreiecks und des Rechtecks und **subtrahiere** die Fläche des Quadrats.

110 Ein Dreieck hat eine Fläche von 14 cm^2. Seine Höhe h_c beträgt 4 cm.

a) Berechne die Länge der Seite c.

b) Zeichne 3 verschiedene Dreiecke mit den gegebenen Maßen.

111 Ein Trapez mit den Maßen $a = 8$ cm, $b = h_a = 3$ cm und $c = 5$ cm soll in ein flächengleiches Rechteck mit der Seite $b = 3$ cm umgewandelt werden.
Wie lang ist die Seite a des Rechtecks?
Löse zeichnerisch und rechnerisch.

112 Bauer Heinz möchte für seine Schafe eine Grasfläche von 27,5 m^2 in Form eines Trapezes abstecken.
Eine Seite ($a = 7$ m) und die Höhe ($h = 5$ m) hat er bereits festgelegt.
Wie lang muss die Seite c sein, damit die angegebene Fläche entsteht?

113 In einem Kindergarten wurde ein neuer kreisförmiger Sandkasten angelegt. Er hat einen Durchmesser von 4,8 m. Um den Sandkasten führt ein 1,3 m breiter Weg aus Holzpflaster.

a) Fertige eine Skizze an und trage die Maße ein.

b) Welchen Flächeninhalt hat der Sandkasten?

c) Für 1 m^2 Weg werden 8 Holzpflaster benötigt.
Wie teuer ist der Weg, wenn 1 Holzpflaster 12,99 € kostet?

114 Nebenstehende Verpackung mit den Maßen $a = 8$ cm, $b = 14$ cm und $c = 6$ cm soll mit Geschenkpapier eingepackt werden.

a) Wie viel cm^2 Geschenkpapier werden benötigt?

b) Berechne die Gesamtlänge aller Kanten. (Denke auch an den Satz des Pythagoras.)

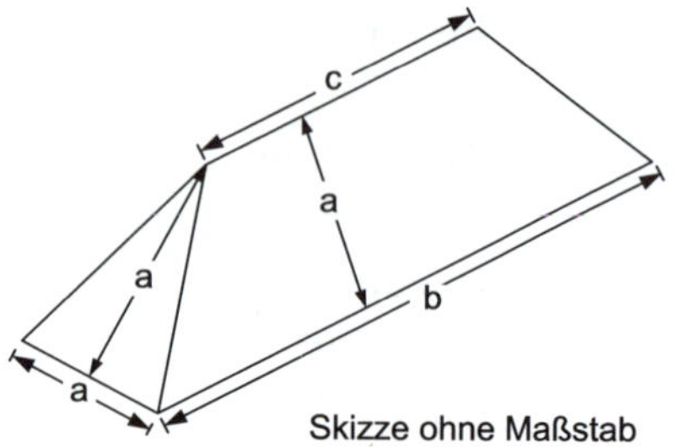

Skizze ohne Maßstab

115 Janine möchte ihr Zimmer verschönern und malt mit Lackfarbe 12 lila Parallelogramme mit einer Höhe von 10 cm und einer Länge von 35 cm an ihren Schrank. Reicht eine Dose Lack, wenn sie damit eine Fläche von 3,5 m^2 streichen kann?

116 Berechne jeweils den Flächeninhalt und den Umfang. Entnimm die benötigten Maße der Zeichnung.

a) 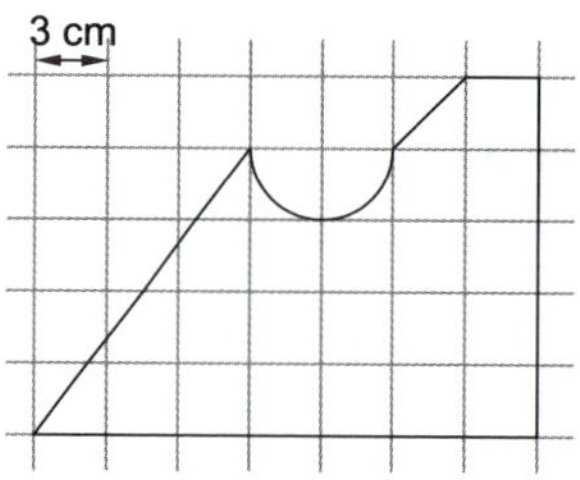

b) 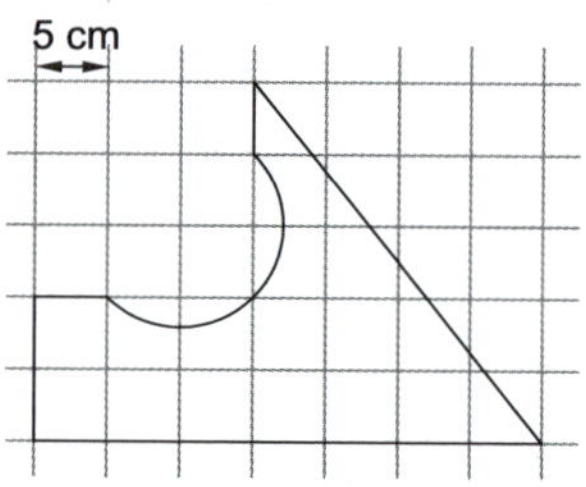

117 Berechne die Fläche des großen Kreises und die Gesamtfläche der 9 kleinen Kreise.

a) Was stellst du fest? Warum ist das so?

b) Vergleiche statt der Flächen die Umfänge.

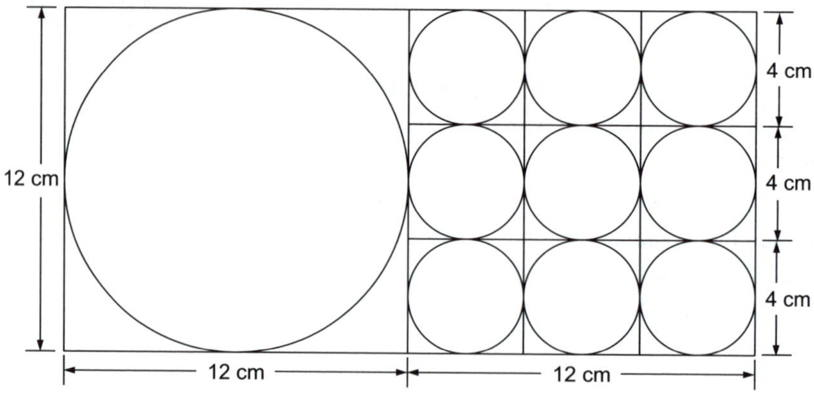

Geometrische Körper

Bei den alten Ägyptern dienten **Pyramiden** als Grabstätten für die Pharaonen. Die drei Pyramiden von Gizeh zählen zu den sieben Weltwundern der Antike. Ihr Bau erforderte ein großes Ausmaß an mathematischer Berechnung und Organisation. Allein die größte Pyramide, die dem Pharao Cheops geweiht war, wurde aus ca. 2,5 Millionen Steinblöcken aufgeschichtet.

1 Gerade Körper

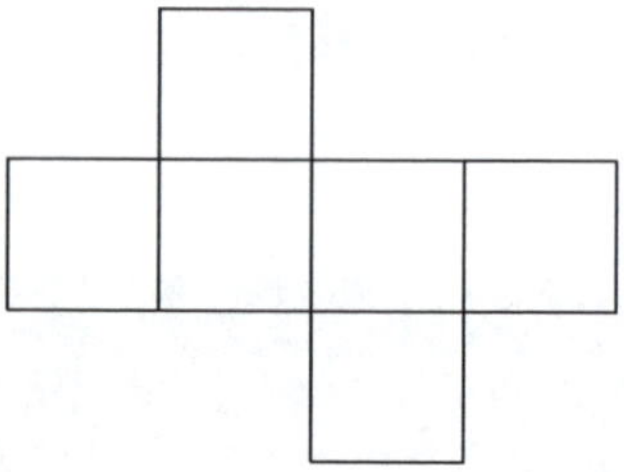

Zu den geraden Körpern zählen alle **geraden Prismen** (wie z. B. Würfel, Quader, Dreiecksprisma) sowie der **Kreiszylinder**. Schneidest du einen solchen Körper entlang seiner Kanten auf, erhältst du das Netz des Körpers.

- Das **Volumen** aller geraden Körper kannst du mit folgender Formel berechnen:
  V = Grundfläche · Höhe
  $V = G \cdot h$
- Für die **Oberfläche** eines geraden Körpers gilt:
  O = 2 · Grundfläche + Mantelfläche
  $O = 2 \cdot G + M$

Beispiele

1. Quader

$V = a \cdot b \cdot c$

$O = 2ab + 2ac + 2bc$

$O = 2(ab + ac + bc)$

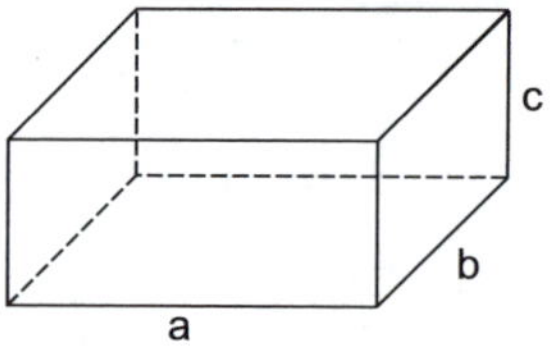

2. Würfel

$V = a \cdot a \cdot a$

$V = a^3$

$O = 6 \cdot a^2$

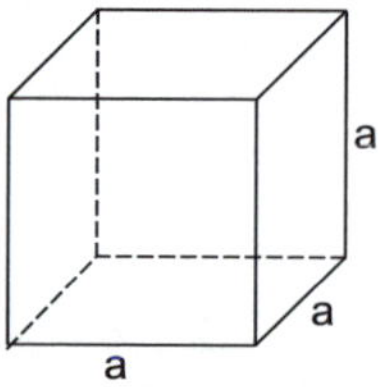

3. Kreiszylinder

$V = \pi \cdot r^2 \cdot h$

$M = 2 \cdot \pi \cdot r \cdot h$

$O = 2 \cdot \pi \cdot r^2 + 2 \cdot \pi \cdot r \cdot h$

$O = 2 \cdot \pi \cdot r \cdot (r + h)$

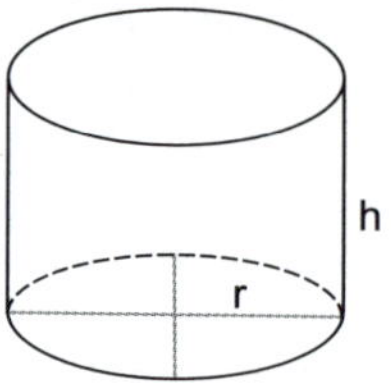

118 Ein Quader hat ein Volumen von $60\ cm^3$.
Wie hoch ist er, wenn seine Länge $a = 5$ cm und seine Breite $b = 4$ cm beträgt?

119 Die Oberfläche O eines Würfels beträgt $294\ m^2$.
Wie groß ist sein Volumen V?

120 Kai hat das Netz eines Quaders gezeichnet. Was stimmt daran nicht? Kannst du es korrigieren?

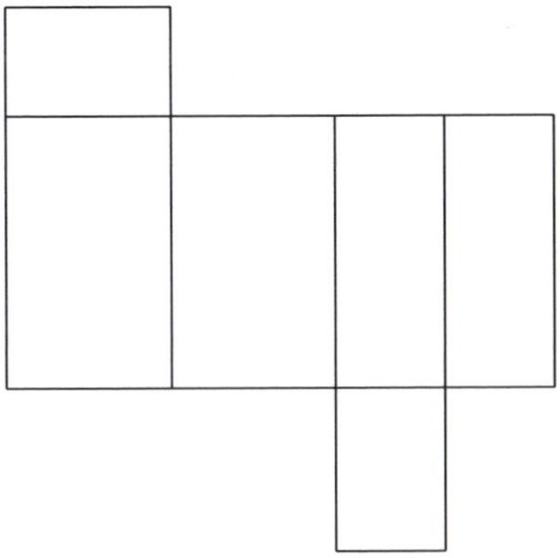

121 Ein Zylinder hat ein Volumen von 1 017,876 cm^3. Wie groß sind Boden- bzw. Deckfläche, wenn die Höhe h des Zylinders 9 cm beträgt?

122 Die abgebildete Torte wird in einem Kuchenkarton mit den Maßen $a = 32$ cm, $b = 32$ cm und $c = 12$ cm verpackt.
Welches Volumen hat die Torte maximal?

123 Eine Cremedose in Form eines Zylinders passt genau in eine würfelförmige Verpackung mit Kantenlänge $a = 10$ cm.
Wie viel Prozent des Rauminhalts der Schachtel füllt die Cremedose?

124 Wie groß sind die Kantenlängen, die Seitenflächen, die Oberfläche und das Volumen eines Würfels, wenn die Diagonalen der Seitenflächen $d = 5 \cdot \sqrt{2}$ cm lang sind?

125 Berechne die Raumdiagonale eines Zylinders, wenn gilt: $r = 4$ cm und $h = 8$ cm.

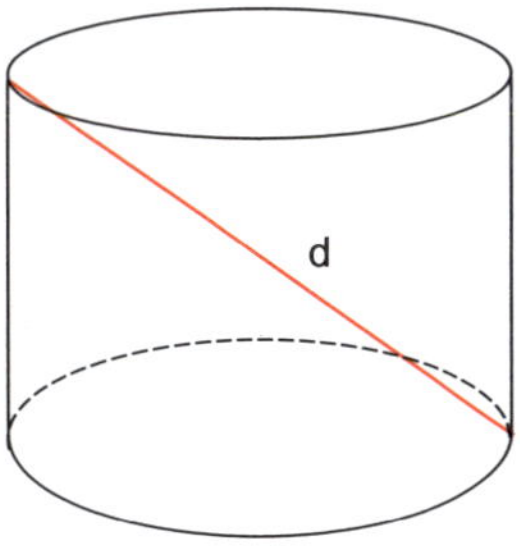

126 4 gleiche Würfel können auf unterschiedliche Arten zu einem neuen Körper zusammengefügt werden. Skizziere 3 unterschiedliche Körper und berechne ihre Oberflächen. Die Kantenlänge der Würfel kannst du selbst bestimmen.

127 Welches Volumen hat der auf der rechten Seite abgebildete Körper?

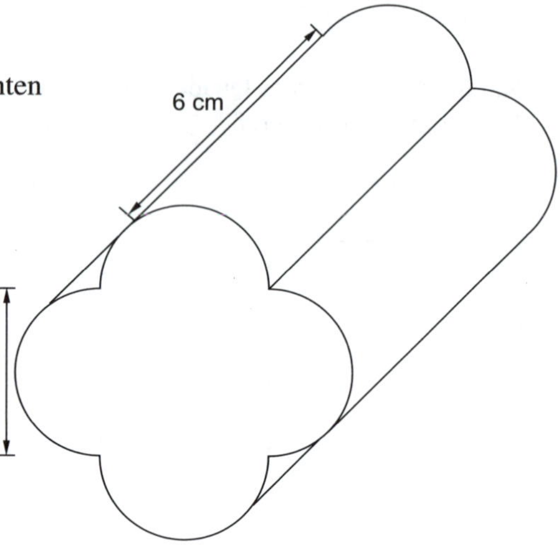

128 Zeichne das Netz eines Quaders mit den Kanten a = 20 cm, b = 10 cm und c = 5 cm im Maßstab 1 : 5.

129 Ein Zylinder mit r = 6 cm und h = 3 cm wird von oben nach unten mittig durchsägt. Skizziere den entstandenen Körper und berechne die Oberfläche des Halbzylinders.

130 Aus einem Zylinder (h = 9 cm, r = 4 cm) wird von oben nach unten ein kleinerer Zylinder ausgefräst (d = 1 cm).
Wie groß ist die Oberfläche des Werkstücks?

131 Für die Höhe h eines Zylinders gilt: h = 7 cm.
Stelle das Volumen des Zylinders in einem Schaubild dar, wenn sich der Radius von 1 cm bis 5 cm in 1 cm-Schritten erhöht. Was kannst du beobachten?

132 Ein Quader hat ein Volumen von 320 cm^3. Seine Länge a beträgt 8 cm.
Stelle die möglichen Höhen c in Abhängigkeit von den Breiten b in einem Schaubild dar. Was kannst du beobachten?

133 Berechne das Volumen dieses Werkstücks (Maße in mm).

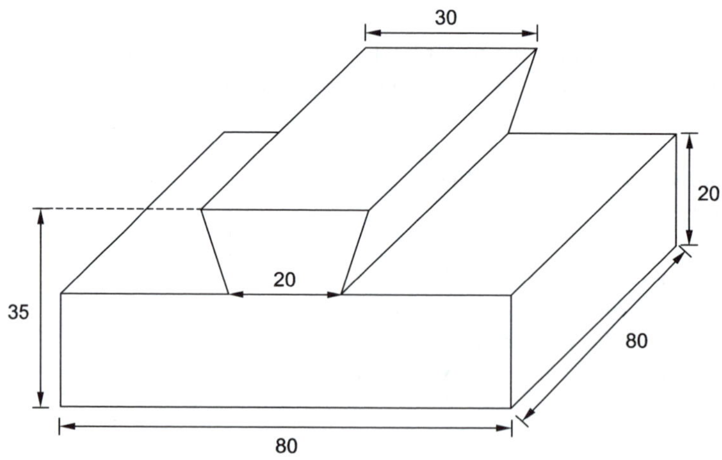

2 Pyramide

Hier siehst du ein Puzzlespiel, bei dem es darum geht, aus verschiedenen Einzelteilen eine **dreiseitige** Pyramide zu bauen. Pyramiden werden immer nach der Form ihrer Grundfläche benannt. Neben den dreiseitigen Pyramiden gibt es z. B. auch **quadratische** Pyramiden.

- Für das **Volumen** einer Pyramide gilt:

  $V = \frac{1}{3} \cdot \text{Grundfläche} \cdot \text{Höhe}$

  $V = \frac{1}{3} \cdot G \cdot h_K$

- Für die **Oberfläche** einer Pyramide gilt:

  O = Grundfläche + Mantel

  O = G + M

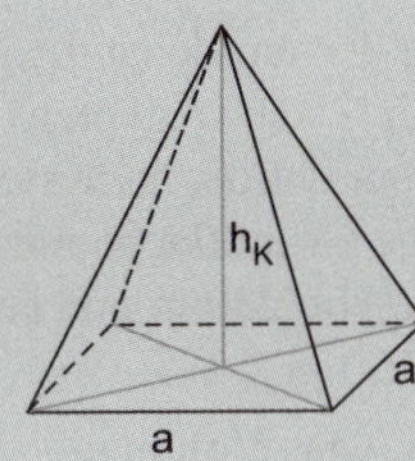

ispiele

1. Berechne das Volumen einer quadratischen Pyramide mit a = 4 cm und $h_K = 6$ cm.

Lösung:

$V = \frac{1}{3} \cdot (4\ \text{cm})^2 \cdot 6\ \text{cm}$

$V = 32\ \text{cm}^3$

$V = \frac{1}{3} \cdot a^2 \cdot h_K$

2. Hier siehst du das Schrägbild und das Netz einer quadratischen Pyramide. Berechne die Oberfläche.

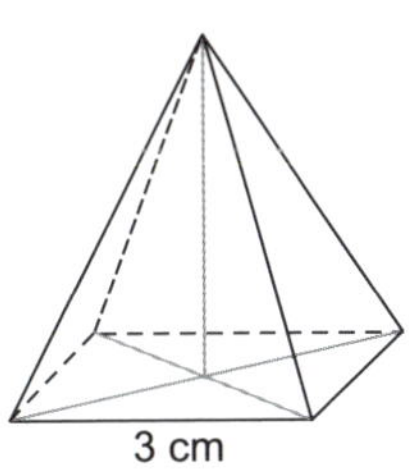

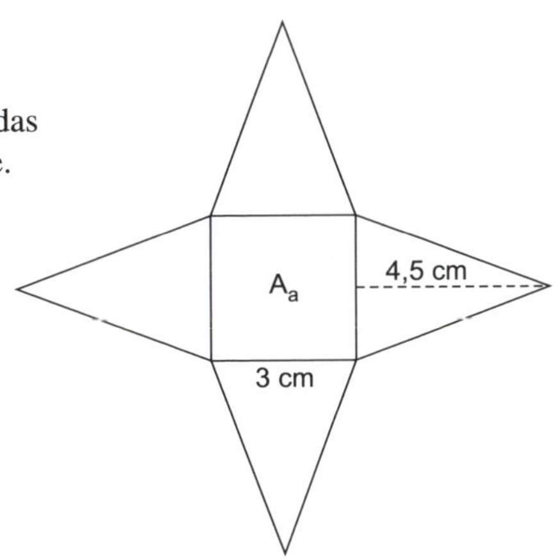

$O = (3\ \text{cm})^2 + 4 \cdot \frac{3 \cdot 4{,}5}{2}\ \text{cm}^2$

$O = 36\ \text{cm}^2$

$O = A_Q + 4 \cdot A_D$

$O = a^2 + 4 \cdot \frac{g \cdot h_g}{2}$

134 Berechne die fehlenden Werte der quadratischen Pyramiden.

	Höhe h_K	Seite a	Volumen V
a)	8 cm	3 cm	
b)	4,5 dm	210 mm	
c)		4,5 cm	4 725 mm^3
d)	1,4 dm		11 340 cm^3

135 Wie groß ist die Seitenlänge a der quadratischen Grundfläche einer Pyramide, wenn ihr Volumen 84 dm^3 beträgt und sie 7 cm hoch ist?

136 Die Cheops-Pyramide ist die größte Pyramide in Gizeh (Ägypten).
Als sie erbaut wurde, hatte sie eine quadratische Grundfläche mit einer Grundkante von 230 m und eine Höhe von 150 m.

a) Berechne das Volumen.

b) Heute, also etwa 4 600 Jahre später, misst die Grundkante der Cheops-Pyramide noch 226 m und ihre Höhe beträgt 137 m.
Berechne das heutige Volumen und gib an, wie viel m^3 Gestein im Laufe der Jahrtausende verwittert bzw. abgetragen worden ist.

c) Berechne den heutigen Flächeninhalt der Mantelfläche. Zeichne dazu zuerst eine Schrägbildskizze und berechne fehlende Werte mit dem Satz des Pythagoras.

137 Zeichne das Netz einer quadratischen Pyramide mit der Grundkante $a = 6$ cm und der Höhe $h_K = 3$ cm. Fertige dazu zuerst eine Skizze der Pyramide an.

138 Zeichne das Schrägbild eines Würfels, dem eine quadratische Pyramide aufgesetzt ist. Die Kantenlänge des Würfels beträgt 3 cm, die Höhe der Pyramide 5 cm. Berechne das Volumen des Körpers.

139 Für eine quadratische Pyramide gilt: $a = 9$ cm und $h_K = 12$ cm.
Wie lang sind die Seitenkanten s (die Kanten von den Eckpunkten der Grundfläche zur Spitze)?

140 Die Grundfläche einer quadratischen Pyramide beträgt $G = 121\ cm^2$.
Die Höhe der Seitenflächen ist 20 cm.

a) Berechne die Oberfläche der Pyramide.

b) Berechne ihr Volumen.

141 Berechne zuerst die Höhe der quadratischen Pyramide und zeichne dann ein Schrägbild im Maßstab 1 : 5.

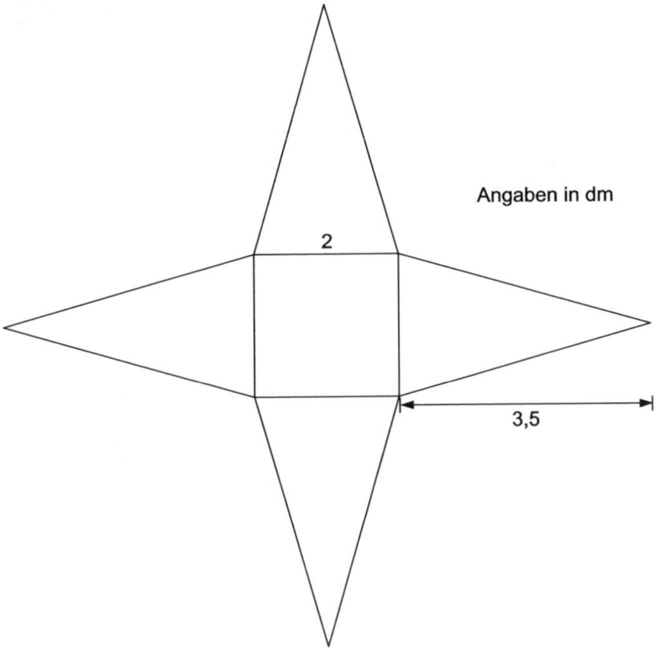

142 Berechne das Volumen des Körpers.

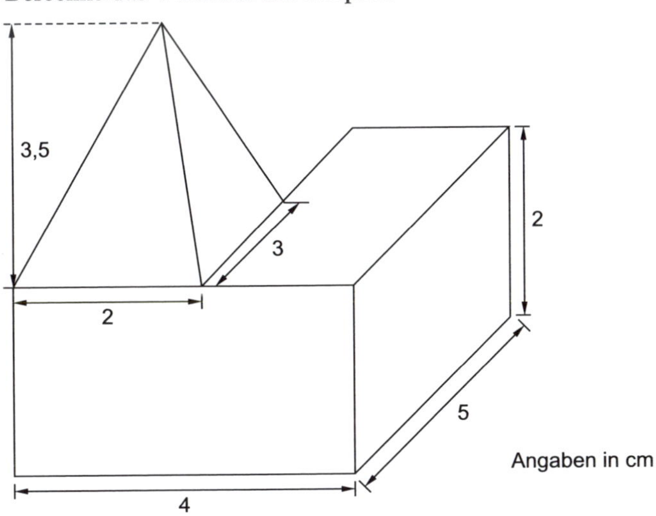

3 Kegel

Luca und seine Freunde möchten gerne wissen, wie viel Eis sie maximal in eine Waffel bekommen, wenn sie das Eis nur bis zur Oberkante einfüllen. Da es sich bei einer Eiswaffel annähernd um einen **Kegel** handelt, helfen ihnen die folgenden Formeln:

Für das **Volumen** eines Kegels gilt:

$V = \frac{1}{3} \cdot \text{Grundfläche} \cdot \text{Höhe}$

$V = \frac{1}{3} \cdot G \cdot h_K$

$V = \frac{1}{3} \cdot \pi \cdot r^2 \cdot h_K$

Für die **Oberfläche** eines Kegels gilt:

$O = \text{Grundfläche} + \text{Mantel}$

$O = \pi \cdot r^2 + \pi \cdot r \cdot s$

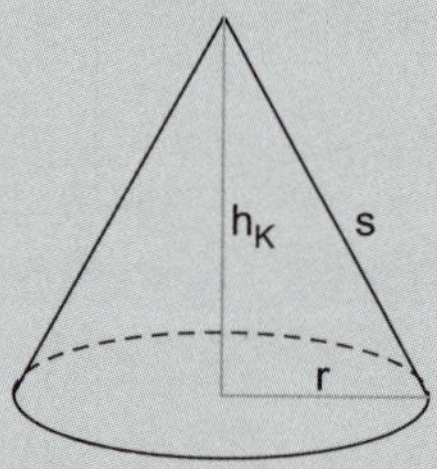

Beispiele

1. Berechne das Volumen des abgebildeten Kegels.

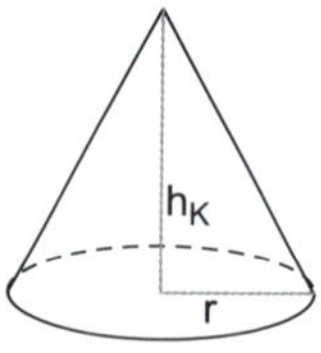

$h_K = 5\text{ cm}$

$r = 2\text{ cm}$

Lösung:

$V = \frac{1}{3} \cdot \pi \cdot 2^2\text{cm}^2 \cdot 5\text{ cm}$ $\quad V = \frac{1}{3} \cdot \pi \cdot r^2 \cdot h_K$

$V \approx 21\text{ cm}^3$

2. Wie groß ist die Oberfläche eines Kegels mit einem Radius von 4 cm und einer Seitenlänge $s = 12$ cm?

Lösung:

$O = \pi \cdot 4^2\text{cm}^2 + \pi \cdot 4\text{ cm} \cdot 12\text{ cm}$ $\quad O = \pi \cdot r^2 + \pi \cdot r \cdot s$

$O \approx 201\text{ cm}^2$

143 Berechne die fehlenden Werte der Kegel. Runde auf eine Dezimalstelle.

	Radius r	Höhe h_K	Volumen V
a)	24 m	100 m	
b)	1,5 dm	23 cm	
c)	3,2 dm		86 000 cm^3
d)		812 mm	146,9 cm^3

144 Berechne den Grundkreisradius r eines Kegels, wenn sein Volumen 603,186 cm^3 beträgt und er 9 cm hoch ist.

145 Ein kegelförmiger Sandberg bedeckt eine Bodenfläche mit einem Durchmesser von 15 m. Er ist 8 m hoch.
Wie viele m^3 Sand sind gelagert? Fertige zuerst eine Skizze an.

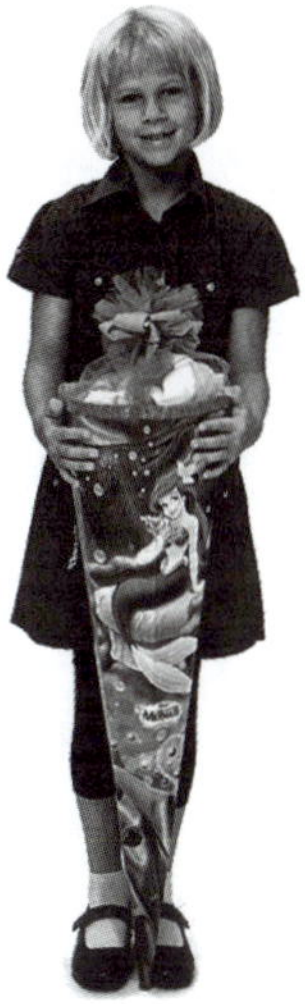

146 Die Grundfläche eines Kegels hat einen Umfang von 90 cm.
Welches Volumen hat der Kegel, wenn er 5 m hoch ist?

147 Svens kleine Schwester bekommt von den Eltern zum 1. Schultag eine kegelförmige Schultüte geschenkt.
Schätze, wie viel Platz für Geschenke in dieser Tüte ist.
Begründe, wie du zu deiner Schätzung kommst.

148 Wie lang ist die Seitenlinie s eines Kegels mit dem Grundkreisradius $r = 12$ cm und der Höhe $h_K = 20$ cm?

149 Hier siehst du einen Doppelkegel. Er ist insgesamt 12 cm lang und hat einen Durchmesser von 4 cm. Berechne die Oberfläche.

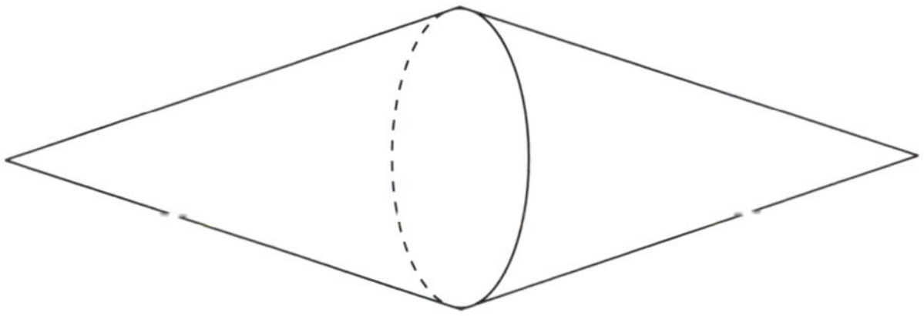

150 In eine kegelförmige Vase passen genau 750 cm^3 Wasser. Die Grundfläche der Vase hat einen Radius von $r = 4$ cm.

a) Wie hoch ist die Vase?

b) Wie hoch stehen die 750 cm^3 Wasser in einer Vase, deren Boden quadratisch ist und eine Seitenlänge von $a = 4$ cm hat?

Funktionale Zusammenhänge

ICEs sind mit einer Höchstgeschwindigkeit von 330 $\frac{\text{km}}{\text{h}}$ die schnellsten Reisezüge Deutschlands.
Möchtest du mit dem ICE von München nach Hamburg fahren, bist du 5 Stunden und 34 Minuten unterwegs und legst etwa 700 km zurück. Mithilfe solcher Angaben kann ein **Weg-Zeit-Diagramm** erstellt werden, aus dem man weitere interessante Daten ablesen kann.

1 Lineare Funktionen

Auf einem Volksfest kostet eine Fahrt mit dem Autoscooter 1,30 €.
Felix überlegt: „Wenn ich 2-mal fahre, muss ich 2,60 € bezahlen. Fahre ich 3-mal, kostet mich das 3,90 €.“
Je mehr Fahrten Felix mit dem Autoscooter macht, **umso mehr** Geld muss er ausgeben.

Eine **proportionale Zuordnung** zwischen 2 Größen liegt vor, wenn die eine Größe **im selben Verhältnis** wächst oder fällt wie die andere Größe.

Solche Zuordnungen können auf verschiedene Arten dargestellt werden:
- mithilfe von **Pfeildiagrammen**,
- in einer **Wertetabelle**; die **Wertepaare** sind dabei jeweils **quotientengleich**,
- in einem **Schaubild**; der Graph ist dabei eine **Halbgerade**, die im Ursprung beginnt.

Beispiele

1. Du möchtest 5-mal mit dem Autoscooter fahren. Felix hat dir erzählt, dass er für 3 Fahrten 3,90 € bezahlt hat.
Wie viel musst du für 5 Fahrten bezahlen?

Lösung:

3 Fahrten ≙ 3,90 €
1 Fahrt ≙ 3,90 € : 3 = 1,30 €
5 Fahrten ≙ 1,30 € · 5 = 6,50 €

Löse mit dem **Dreisatz**. Auf der linken und rechten Seite wird dabei jeweils dieselbe Rechenoperation ausgeführt.

2. 1 Fahrt im Autoscooter kostet 1,30 €, dann kosten 2 Fahrten 2,60 €, 3 Fahrten kosten 3,90 € usw.
Stelle diesen Zusammenhang auf verschiedene Arten dar.

Lösung:

▶ **Pfeildiagramm:**

1 Fahrt → 1,30 €
2 Fahrten → 2,60 €
3 Fahrten → 3,90 €
10 Fahrten → 13,00 €

▶ **Wertetabelle:**

Fahrten	1	2	3	10
Preis (€)	1,30	2,60	3,90	13,00

Die Wertepaare sind quotientengleich:
1,30 : 1 = **1,30**
2,60 : 2 = **1,30**
3,90 : 3 = **1,30**
13,00 : 10 = **1,30**

▶ **Schaubild:**

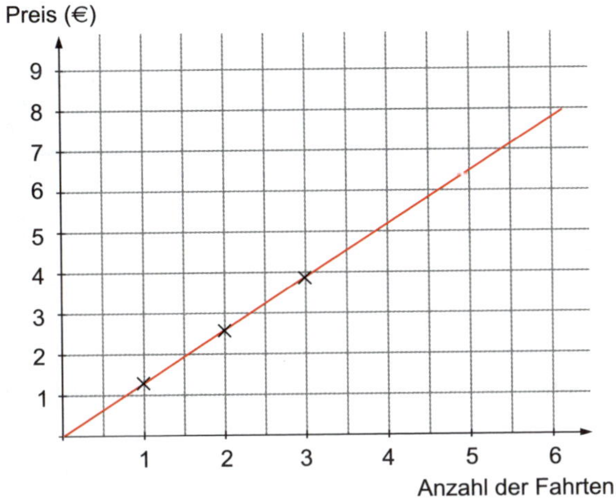

Trage die Wertepaare in ein Schaubild ein.
Die **x-Achse** gibt dabei die **Anzahl** der Fahrten an, die **y-Achse** den **Preis** (in €).

Das Schaubild einer proportionalen Zuordnung ist stets eine Halbgerade, die im Ursprung beginnt.

Eine proportionale Zuordnung ist ein Spezialfall einer **linearen Funktion**.

> Jede Zuordnung, deren **Schaubild eine Gerade** ist, heißt **lineare Funktion**.
> Die Gerade muss dabei nicht zwangsläufig durch den Ursprung verlaufen.

Beispiel

Yasmin leiht sich bei einem DVD-Verleih den Film „High School Musical 2" aus. Sie muss dafür eine Grundgebühr von 2 € bezahlen. Jede Stunde, die sie den Film behält, kostet 0,50 €.

a) Erstelle eine Wertetabelle.

Lösung:

Zeit (h)	0	1	2	3	4	5
Preis (€)	2,00	2,50	3,00	3,50	4,00	4,50

b) Stelle den Zusammenhang in einem Schaubild dar.

Lösung:

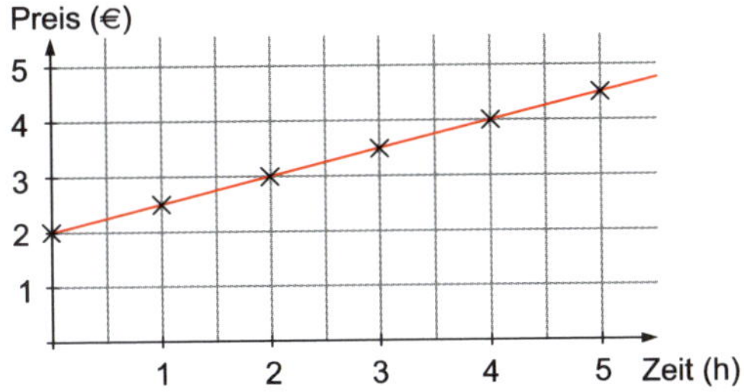

Trage die Wertepaare in ein Schaubild ein.

Die Gerade beginnt nicht im Ursprung.

151 Ein Automechaniker verlangt für 6 Stunden Arbeitszeit 435 €. Zum Reparieren von Herrn Kruses Auto benötigt er 8 Stunden. Wie hoch ist der Arbeitslohn?

152 In einem Goldring ist die Zahl 585 eingestempelt. Das heißt, dass in 1 kg Metall 585 g Gold enthalten sind.
Der Ring wiegt 9,5 g. Wie viel Gold enthält er?

153 Vor vielen Jahren hat 1 ℓ Benzin 1,10 DM gekostet.
Umgerechnet sind das etwa 0,55 €. Heute kostet 1 ℓ etwa 1,35 €.
Damals hat ein Auto auf 100 km 12 ℓ Benzin verbraucht, heute sind es bei vielen Motoren zwischen 5 ℓ und 6 ℓ. Vergleiche.

154 Frau Meier lässt ihre Wohnung streichen. Der Maler verlangt einen Grundpreis von 25 € für Vorarbeiten und pro Quadratmeter nochmals 3 €.

a) Erstelle eine Wertetabelle, die den Preis in Abhängigkeit von den zu streichenden Quadratmetern zeigt. Betrachte dabei Flächen von 20 m^2 bis 100 m^2.

b) Frau Meier lässt insgesamt 80 m^2 streichen. Wie viel muss sie bezahlen?

155 Ein Arbeiter produziert in $3\frac{1}{2}$ Stunden 350 Werkstücke.

a) Wie lange muss er arbeiten, bis er 595 Werkstücke hergestellt hat?

b) Stelle den Zusammenhang „Anzahl der Werkstücke – Arbeitszeit“ in einem Diagramm dar.

156 Familie Zenk zahlt für 25 m^2 Teppichboden 550 €.

a) Ergänze die Tabelle.

Fläche (m^2)	2		25	40	
Preis (€)		110	550		990

b) Übertrage die gefundenen Werte in ein Schaubild.

157 Bei Familie Weiß gibt es im Frühjahr oft Nudeln mit Spargel. Für die 4-köpfige Familie rechnet Frau Weiß mit 2,5 kg Spargel und 500 g Nudeln.
Wie viel Spargel und wie viele Nudeln müssen gekocht werden, wenn 3 Personen zu Besuch kommen?

158 Welche dieser linearen Funktionen ist auch proportional? Kreuze an.

☐ Ohne Grundgebühr: Für nur 9 $\frac{\text{ct}}{\text{min}}$ in alle deutsche Netze telefonieren!

☐ Pro Monat 5 € bezahlen und dann für 5 $\frac{\text{ct}}{\text{min}}$ rund um die Uhr telefonieren!

☐ Flat-Rate: Zahle 25 € und telefoniere so lange wie du möchtest!

2 Umgekehrt proportionale Funktionen

Einige Schüler einer Hauptschule wollen den Freizeitraum der Schule neu streichen. 5 Schüler brauchen dafür 6 Stunden. Wenn nur 3 Schüler mithelfen, brauchen sie 10 Stunden. 1 Schüler bräuchte 30 Stunden. **Je mehr** Schüler mithelfen, **desto weniger** Zeit wird benötigt.

Eine **umgekehrt proportionale Funtkion (antiproportionale Funktion)** zwischen 2 Größen liegt vor, wenn die eine Größe im **selben Verhältnis wächst** wie die andere Größe **fällt**.

Solche Funktionen können auf verschiedene Arten dargestellt werden:
- mithilfe von **Pfeildiagrammen**,
- in einer **Wertetabelle**; die **Wertepaare** sind dabei jeweils **produktgleich**,
- in einem **Schaubild**; der Graph ist dabei eine **Hyperbel**.

Beispiel

5 Schüler brauchen zum Streichen des Freizeitraums 6 Stunden, 3 Schüler brauchen jeweils 10 Stunden, 1 Schüler 30 Stunden usw.
Stelle diesen Zusammenhang auf verschiedene Arten dar.

Lösung:

▶ **Pfeildiagramm:**

1 Schüler → 30 h
3 Schüler → 10 h
5 Schüler → 6 h

▶ **Wertetabelle:**

Schüler	1	2	3	5
Zeit (h)	30	15	10	6

Die Wertepaare sind produktgleich:
$1 \cdot 30 = \mathbf{30}$
$2 \cdot 15 = \mathbf{30}$
$3 \cdot 10 = \mathbf{30}$
$5 \cdot 6 = \mathbf{30}$

▶ **Schaubild:**

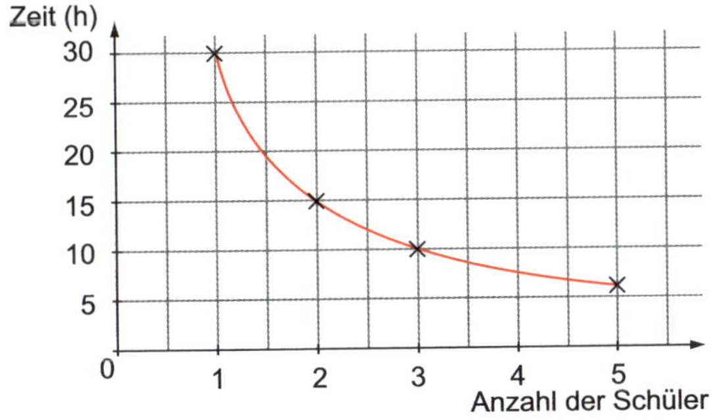

Die **x-Achse** gibt die **Anzahl** der Schüler an, die **y-Achse** die **Zeit**, die jeder von ihnen beschäftigt ist.

Das Schaubild einer umgekehrt proportionalen Funktion ist eine **Hyperbel**.

Um Aufgaben zu umgekehrt proportionalen Funktionen zu lösen, verwende den **Dreisatz**.

Bei umgekehrt proportionalen Funktionen wird bei der Verwendung des Dreisatzes jeweils auf der linken und auf der rechten Seite **die inverse Rechenoperation** durchgeführt.

Beispiel

3 Schüler brauchen jeweils 10 Stunden, um den Freizeitraum zu streichen. Wie lange sind 5 Schüler beschäftigt?

Lösung:

3 Schüler $\triangleq$ 10 h
1 Schüler $\triangleq$ 10 h $\cdot$ 3 = 30 h
5 Schüler $\triangleq$ 30 h : 5 = 6 h

Links und rechts wird die **inverse Rechenoperation** durchgeführt. Das heißt, wenn links multipliziert wird, wird rechts durch dieselbe Zahl dividiert und umgekehrt.

159 Ein Garten kann von 2 Arbeitern in 6 Tagen umgegraben werden. Wie lange brauchen 3 Arbeiter?

160 Die Busfahrt ins Schullandheim der Klasse 9a kostet 45 € pro Schüler, wenn 20 Personen mitfahren.
Wie teuer kommt die Fahrt, wenn sich die Teilnehmerzahl um 5 erhöht und die Gesamtkosten gleich bleiben?

161 Ein Buch hat 168 Seiten mit jeweils 54 Zeilen. Bei einer Neuauflage soll ein größere Zeilenabstand verwendet werden, sodass nur noch 42 Zeilen auf eine Seite passen.
Wie viele Seiten hat das Buch dann?

162 Der Inhalt einer Limonadenflasche reicht für 6 Gläser mit $\frac{1}{4}$ Liter Inhalt.
Wie viele 0,3-Liter-Gläser könnten gefüllt werden?

163 Bei welchen Aussagen handelt es sich um umgekehrt proportionale Funktionen? Kreuze an.

- ☐ Je mehr Abwehrspieler auf dem Platz stehen, umso weniger Tore fallen.
- ☐ Je weniger Arbeiter die Grube ausheben, umso länger benötigen sie dafür.
- ☐ Je weniger Kugeln Eis Sabine kauft, umso weniger Geld muss sie bezahlen.
- ☐ Je mehr Kinder von der Torte essen, umso weniger bekommt jeder davon.

164 Ein Futtervorrat reicht für 12 Hühner 14 Tage lang.
Wie lange reicht der Vorrat für 7 Hühner?

165 Für eine Gasleitung braucht man 800 Rohre mit einer Länge von 6 m.
Wie viele Rohre mit einer Länge von

a) 8 m
b) 4 m
c) 9,6 m

benötigt man für die Gasleitung?
Stelle den Sachverhalt in einem Diagramm dar.

166 Familie Dauerle möchte für ihren Urlaub nicht mehr als 2 400 € ausgeben.
Für den Flug rechnet sie mit 1 000 € an Ausgaben.
Wie viel € können Dauerles am Tag ausgeben, wenn der Urlaub 2 Tage (3 Tage, 4 Tage, 5 Tage …) dauert?

a) Erstelle eine Tabelle.
b) Fertige ein Schaubild an. Du kannst auch eine Tabellenkalkulation benutzen.

Vermischte Aufgaben

Bevor du anfängst zu rechnen, überlege dir bei jeder Aufgabe, um welche Art von Funktion es sich handelt.

167 In einem Neubau soll eine Treppe mit 24 Stufen eingebaut werden. Jede Stufe soll 18 cm hoch sein. Wie viele Stufen müssen vorgesehen werden, wenn die Tritthöhe nur 16 cm beträgt?

168 In einer Fahrradfabrik rollen in 8 Stunden 384 Fahrräder von 2 Bändern.

a) Wie viele Fahrräder werden in 50 Minuten hergestellt?
b) Wie lange brauchen 3 Bänder für die 384 Fahrräder?

169 Eine Wandergruppe legt in 1 Stunde und 10 Minuten etwa 7 km zurück. Wie lange brauchen die Wanderer für 21 km?

170 Ein Rechteck hat eine Fläche von 96 m^2.

a) Gib zwei verschiedene Möglichkeiten für Länge und Breite des Rechtecks an.
b) Stelle den Zusammenhang Länge – Breite in einem Schaubild dar.

171 Im Hotel „Sonnenblick“ können verschiedene Massage-Angebote gebucht werden. Ergänze die Tabelle, wenn zunächst eine Grundgebühr von 9,50 € erbracht werden muss. Zeichne dann ein Schaubild.

Zeit (min)	0	10	20	30
Preis (€)				69,50

172 Eine Firma bietet für ihre Leistungen folgende Tarife an:

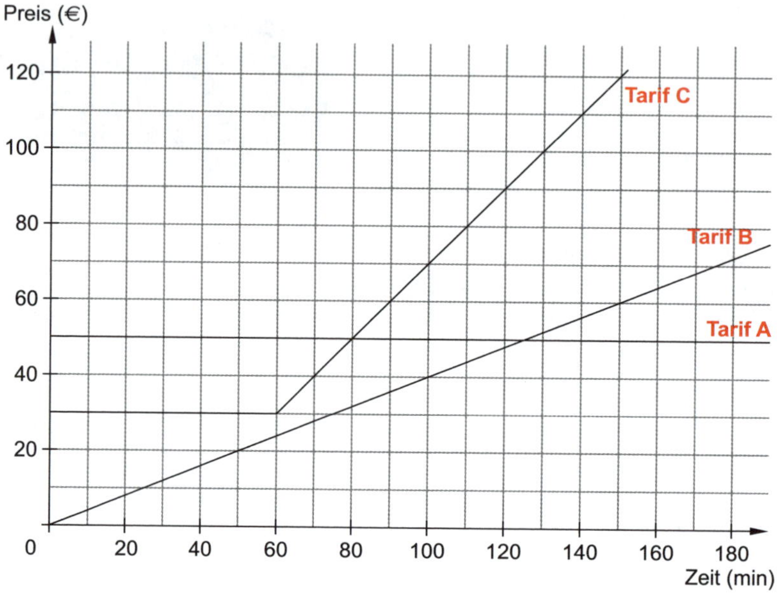

a) Welcher Tarif entspricht der Aussage: „Je länger die Leistungen dauern, desto mehr muss man bezahlen?"

b) Welcher Tarif ist am günstigsten, wenn man die Leistungen 90 Minuten lang in Anspruch nimmt?

c) Was muss für die Leistungen von 4 Stunden im Tarif B und C bezahlt werden?

d) Gib an, welcher Tarif sich für welchen Zeitraum lohnt.

173 Mit dem Body-Mass-Index (BMI) kann man herausfinden, ob eine Person Unter-, Normal- oder Übergewicht hat.

Die Formel dazu lautet: $\text{BMI} = \dfrac{\text{Masse in kg}}{(\text{Körpergröße in m})^2}$

Aus einer Tabelle kann man den Gewichtszustand ablesen (hier für Männer):

BMI < 20	20 < BMI < 24,9	25 < BMI < 29,9	30 < BMI < 40	BMI > 40
Untergewicht	Normalgewicht	Übergewicht	starkes Übergewicht	krankhaftes Übergewicht

a) Ist der BMI (bei fester Körpergröße) eine proportionale Funktion, eine umgekehrt proportionale Funktion oder nichts dergleichen?

b) Erstelle ein BMI-Diagramm für einen 1,80 m großen Menschen. Berücksichtige dabei Angaben von 60 kg bis 100 kg.

3 Schaubilder funktionaler Zusammenhänge

Proportionale und umgekehrt proportionale Funktionen sind einfache funktionale Zusammenhänge, die du bereits kennst. Daneben gibt es aber noch viele andere Arten solcher funktionalen Zusammenhänge, wie z. B. **Weg-Zeit-Zusammenhänge** oder **Füllvorgänge**.

Ein **funktionaler Zusammenhang** zwischen 2 Größen besteht genau dann, wenn jedem Element der **Ausgangsmenge** (1. Größe) genau ein Element der **Zielmenge** (2. Größe) zugeordnet wird.
Jeder funktionale Zusammenhang kann in einem **Schaubild** dargestellt werden.

ispiel

Ein Radfahrer fährt mit einer durchschnittlichen Geschwindigkeit von 25 $\frac{\text{km}}{\text{h}}$. Nach 90 Minuten legt er eine Pause von 15 Minuten ein und fährt dann mit derselben Geschwindigkeit weiter. Ein Autofahrer startet eine Stunde nach dem Radfahrer mit einer Geschwindigkeit von 50 $\frac{\text{km}}{\text{h}}$.
Nach wie vielen km holt der Autofahrer den Radfahrer ein?
Löse zeichnerisch.

Lösung:

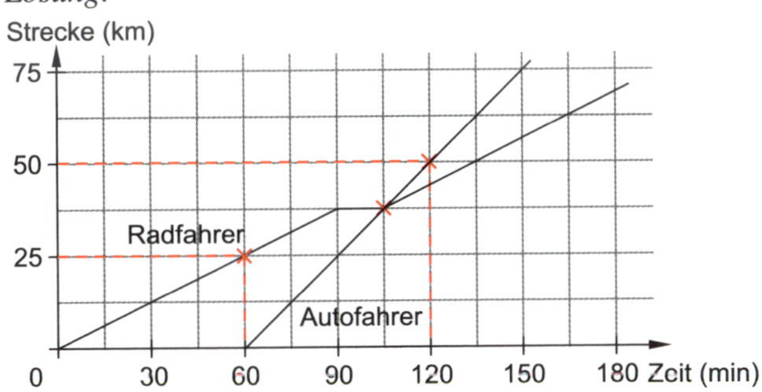

Der Autofahrer holt den Radfahrer nach 37,5 km ein.

25 $\frac{\text{km}}{\text{h}}$ bedeutet, dass der Radfahrer 25 km in 1 Stunde zurücklegt. Die Pause wird durch eine waagrechte Linie dargestellt.
Der Autofahrer startet 60 Minuten später und legt 50 km in 1 Stunde zurück.
Der Schnittpunkt der Geraden gibt den Treffpunkt an.

174 Ein Radfahrer und ein Wanderer starten um 8:00 Uhr in 2 Städten, die 63 km voneinander entfernt liegen. Der Radfahrer bewegt sich mit 15 $\frac{\text{km}}{\text{h}}$, der Wanderer mit 6 $\frac{\text{km}}{\text{h}}$.

a) Stelle den Vorgang in einem Diagramm dar.

b) Wann und wo treffen sich die beiden?

175 Herr Brunetti ist mit dem Auto unterwegs.

Diagramm A

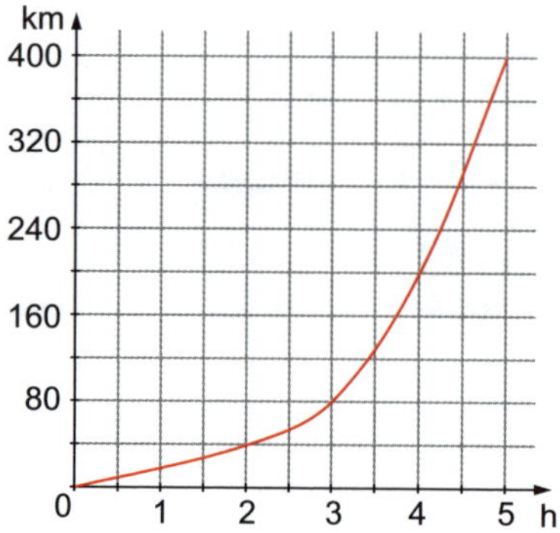

Diagramm B

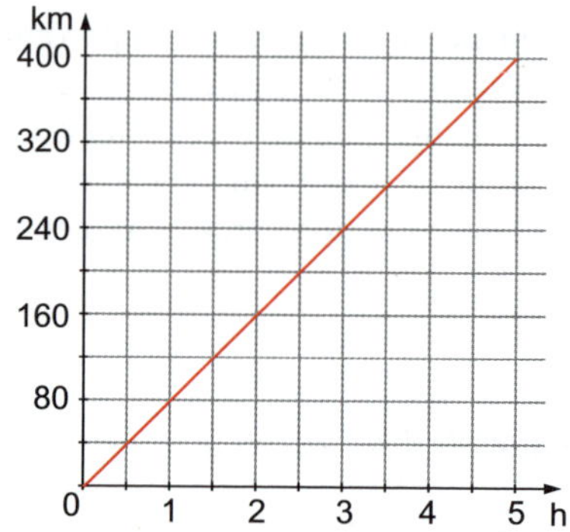

Diagramm C

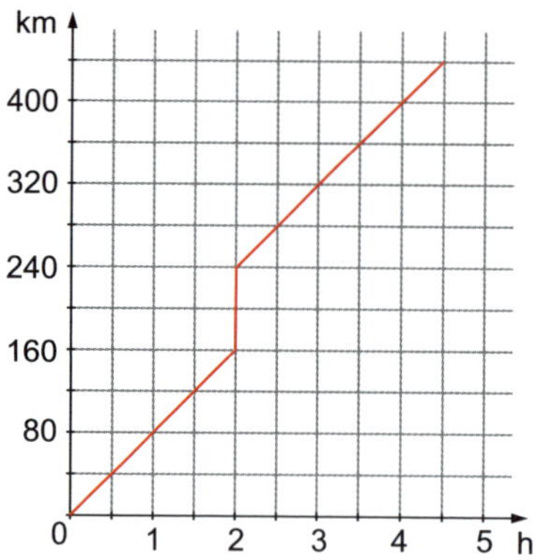

Diagramm D

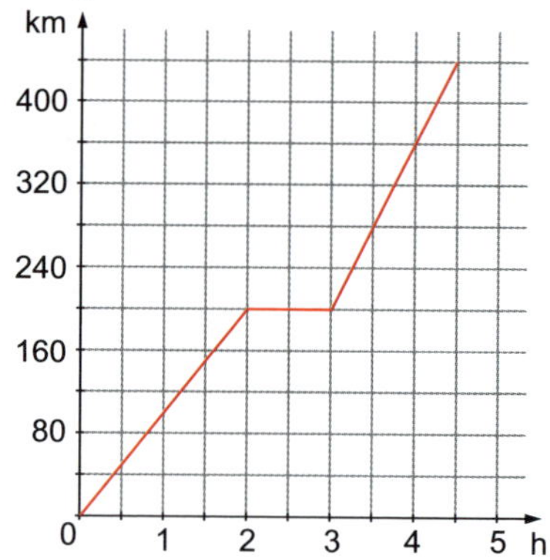

Diagramm E

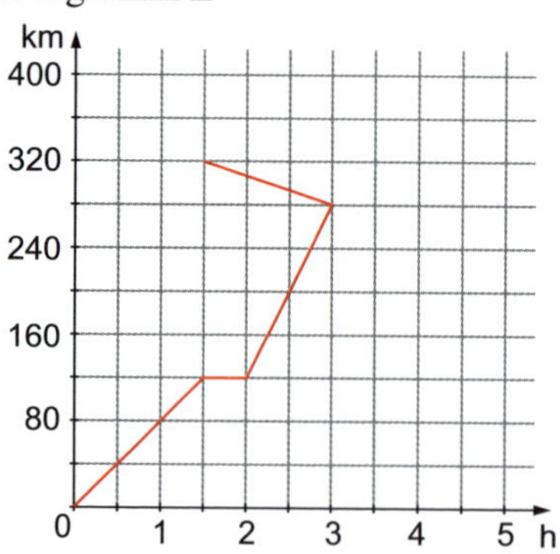

Diagramm F

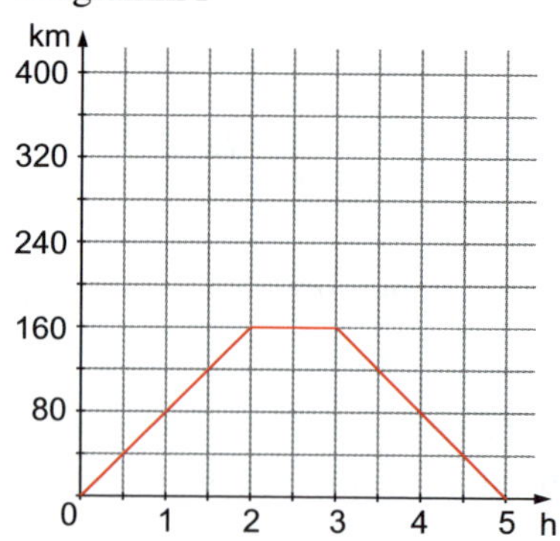

a) Aus welchen Diagrammen wird ersichtlich, dass Herr Brunetti in 5 Stunden 400 km zurückgelegt hat?

b) Herr Brunetti hat das Tempo stets gleichmäßig erhöht.
Welches Diagramm zeigt diese Aussage?

c) 2 Diagramme zeigen unmögliche Sachverhalte.
Welche Diagramme sind das? Begründe deine Entscheidung.

d) Welches Diagramm zeigt, dass Herr Brunetti nach einer Pause schneller weitergefahren ist, als vor der Pause? Begründe.

e) Was besagt Diagramm B über die Geschwindigkeit, mit der Herr Brunetti gefahren ist?

f) Zeichne ein Diagramm zu folgendem Sachverhalt: Herr Brunetti fährt 2 Stunden lang mit einer Durchschnittsgeschwindigkeit von 40 $\frac{km}{h}$, die nächsten 30 Minuten fährt er mit 80 $\frac{km}{h}$.
Dann macht er eine halbstündige Pause, um danach 2 Stunden mit 120 $\frac{km}{h}$ zu fahren.

g) Erfinde eine Geschichte zu Diagramm F.

176 Betrachte das Schaubild genau.

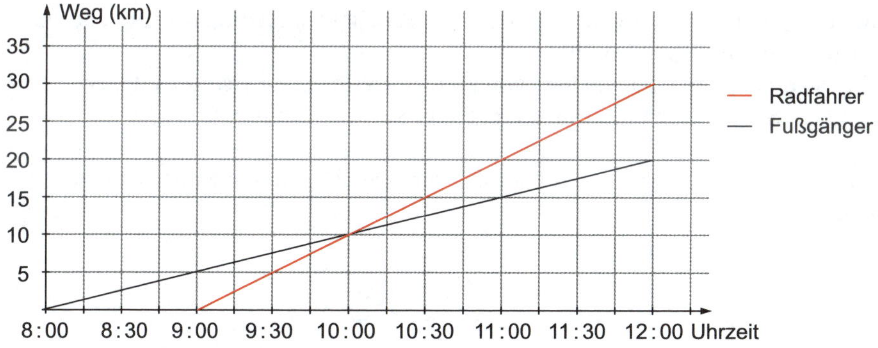

a) Wann ist der Fußgänger losmarschiert, wann ist der Radfahrer losgefahren?

b) Wie groß ist die jeweilige Geschwindigkeit?

c) Wann hat der Radfahrer den Fußgänger eingeholt?

d) Wie viele Kilometer haben beide bis dahin zurückgelegt?

177 Ein Wasserbassin kann von einer Pumpe, die 24 m^3 in der Stunde fördert, in 12 Stunden gefüllt werden. Nach 6 Stunden wird zusätzlich eine Pumpe mit einem Fördervolumen von 12 $\frac{m^3}{h}$ zugeschaltet.

a) Wie lange dauert der Füllvorgang insgesamt?

b) Stelle den Füllvorgang in einem Schaubild dar.

178 Das neue Schwimmbecken des Spaßbads „Aquarena“ wird mit einer Pumpe gleichmäßig gefüllt. Hier siehst du den Füllvorgang.

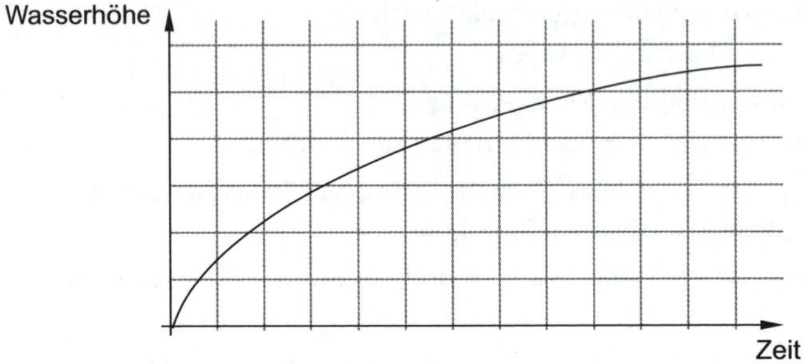

Welchen Querschnitt könnte das Schwimmbecken haben?
Kreuze an und begründe.

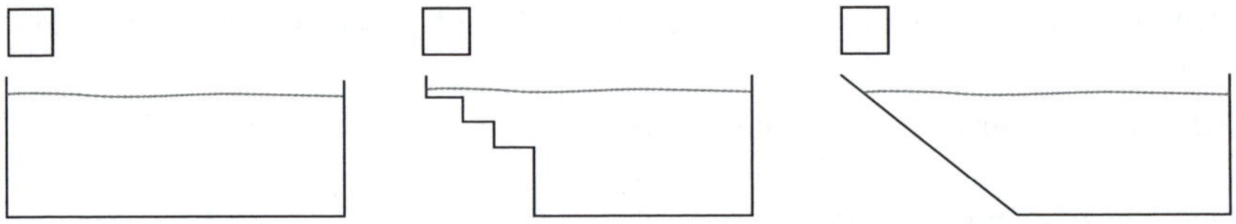

179 Stelle folgende Sachverhalte mithilfe einer Tabellenkalkulation dar. Erstelle auch ein aussagekräftiges Schaubild:
Ein Quadrat hat eine Seitenlänge von a = 6 cm. Wie ändert sich seine Fläche, wenn die Seitenlänge um 2 cm, 4 cm, 6 cm, 8 cm, … zunimmt?

180 Hier siehst du einen grafischen Fahrplan für zwei Züge auf einer Strecke von 60 km:

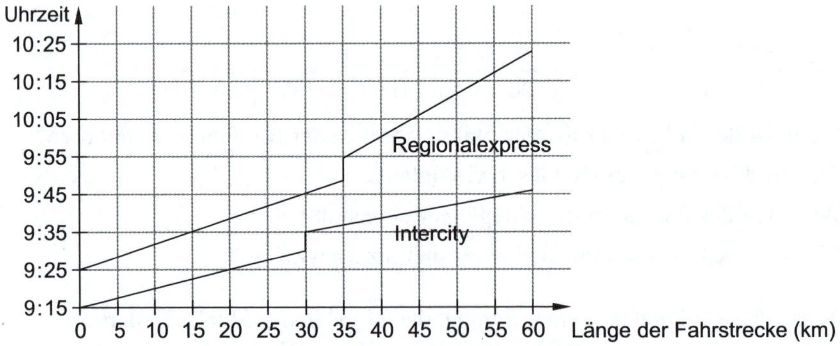

a) Wann und wie lange haben die Züge jeweils Aufenthalt?
b) Wann ist der Intercity 25 km vom Abfahrtsort entfernt?
c) Welcher Zug legt die Entfernung von 60 km schneller zurück?

Statistische Kennwerte

Die **durchschnittliche** deutsche Frau ist 1,67 m groß, bekommt 1,38 Kinder und heiratet im Alter von 29,4 Jahren. Sie verbringt pro Tag 28 Minuten im Bad und macht am liebsten Urlaub im eigenen Land.
Daten wie diese werden in **Umfragen** ermittelt und sollen die Realität widerspiegeln. Im wahren Leben wird man diese Frau natürlich nicht treffen.

1 Mittelwerte

Tim und Alexandra vergleichen das monatliche Taschengeld ihrer Clique:
Tim 20 €; Alexandra 17 €; Murat 25 €; Julia 18 €; Constanze 30 €; Julian 15 €; Niklas 17 €; Maria 25 €; Frederik 35 €; Sandro 18 €

- Daten werden zunächst in einer sogenannten **Urliste** gesammelt.
- Ordnet man die Daten der Urliste aufsteigend oder absteigend, erhält man eine **Rangliste**. Gleiche Werte werden in einer Rangliste mehrfach aufgelistet.

Beispiel

Erstelle für die Taschengelddaten eine Rangliste.

Lösung:
15 €; 17 €; 17 €; 18 €; 18 €; 20 €; 25 €; 25 €; 30 €; 35 €

Aus einer Urliste oder Rangliste kann man das **arithmetische Mittel** berechnen.

Das **arithmetische Mittel** $\overline{x}$ berechnet sich folgendermaßen:
- Addiere alle Zahlenwerte.
- Dividiere diese Summe durch die Anzahl der Werte.

$$\overline{x} = \frac{\text{Summe aller Werte}}{\text{Anzahl der Werte}}$$

Werden die Begriffe **Mittelwert** oder **Durchschnitt** ohne nähere Bestimmung verwendet, ist damit üblicherweise das arithmetische Mittel gemeint.

Beispiel

Wie viel Taschengeld erhalten die Schüler durchschnittlich?

Lösung:

$$\overline{x} = \frac{15+17+17+18+18+20+25+25+30+35}{10}\ €$$

Addiere alle €-Beträge und teile durch die Anzahl der Daten.

$$\overline{x} = \frac{220}{10}\ €$$

$$\overline{x} = 22\ €$$

Möchte man einen Mittelwert, der von extrem großen oder extrem kleinen Werten unbeeinflusst ist, sollte man den **Zentralwert** bestimmen.

> Den **mittleren Wert** in einer Rangliste nennt man **Zentralwert** (Median). Hat eine Rangliste eine **gerade Anzahl** von Werten, ist der Zentralwert der **Durchschnitt** der beiden Werte in der Mitte.

eispiel

Bestimme den Zentralwert der Taschengelddaten.

Lösung:

15 €; 17 €; 17 €; 18 €; **18 €**;
20 €; 25 €; 25 €; 30 €; 35 €

Die Anzahl der Daten ist **gerade**, also musst du den **Mittelwert** der beiden Werte in der Mitte der Rangliste bilden.

$$Z = \frac{18+20}{2}\ €$$

$$Z = 19\ €$$

181 Eine Wetterstation registrierte im Juni jeweils um 12 Uhr folgende Temperaturen.

1.6.	2.6.	3.6.	4.6.	5.6.	6.6.	7.6.	8.6.	9.6.	10.6.
22 °C	22,5 °C	22 °C	21 °C	19 °C	17 °C	23 °C	24 °C	23,5 °C	26 °C

11.6.	12.6.	13.6.	14.6.	15.6.	16.6.	17.6.	18.6.	19.6.	20.6.
26,5 °C	26 °C	23 °C	22 °C	26 °C	27,5 °C	29,5 °C	23 °C	21 °C	27 °C

21.6.	22.6.	23.6.	24.6.	25.6.	26.6.	27.6.	28.6.	29.6.	30.6.
29 °C	32 °C	32 °C	31,5 °C	29 °C	27 °C	33 °C	32,5 °C	31 °C	34 °C

a) Wie warm war es im Juni durchschnittlich um 12 Uhr?

b) Lege eine Rangliste an und bestimme den Zentralwert.

c) Um wie viel Prozent liegt der Zentralwert unter oder über dem Mittelwert?

182 Eine Klassenarbeit, bei der 24 Schüler mitgeschrieben haben, hat einen Notendurchschnitt von 2,5. Ina schreibt die Arbeit nach.
Nun beträgt der Notendurchschnitt 2,6. Welche Note hat Ina erreicht?

183 Für verschiedene Ferienjobs werden folgende Stundenlöhne bezahlt (in €):
4,50; 6,30; 5,10; 7,10; 3,15; 4,50; 7,05; 6,70

a) Berechne den durchschnittlichen Stundenlohn.

b) Bestimme den Zentralwert Z.

c) Wie ändern sich der durchschnittliche Stundenlohn und der Zentralwert, wenn noch ein Stundenlohn von 5,55 € hinzukommt?

2 Daten sammeln, darstellen und auswerten

Für die Schülerzeitung führt Florian in der 9. Jahrgangsstufe eine Umfrage zu den Lieblingsfächern seiner Mitschüler durch. Die Daten der Urliste überträgt er in eine **Strichliste**.

Daten aus einer Strichliste kannst du in einer **Häufigkeitstabelle** darstellen.

- Die **absolute Häufigkeit** gibt dabei die **Anzahl** an, mit der ein bestimmter Wert auftaucht.
- Die **relative Häufigkeit** gibt den **Anteil** an, mit der dieser Wert in Bezug auf die Gesamtanzahl vorkommt. Sie berechnet sich folgendermaßen:

$$\text{Relative Häufigkeit} = \frac{\text{Absolute Häufigkeit}}{\text{Gesamtanzahl}}$$

Beispiel

Erstelle für die Daten von Florian eine Häufigkeitstabelle, in der die absoluten und relativen Häufigkeiten angegeben werden.

Lösung:

Gesamtanzahl: $14 + 10 + 8 + 7 + 6 = 45$

Fach	absolute Häufigkeit	relative Häufigkeit
Sport	14	$\frac{14}{45} = 0{,}311\ldots \approx 31\,\%$
Mathe	10	$\frac{10}{45} = 0{,}222\ldots \approx 22\,\%$
Englisch	8	$\frac{8}{45} = 0{,}177\ldots \approx 18\,\%$
Deutsch	7	$\frac{7}{45} = 0{,}155\ldots \approx 16\,\%$
Religion	6	$\frac{6}{45} = 0{,}133\ldots \approx 13\,\%$

Um Daten und Prozentwerte darzustellen, eignen sich besonders Säulen-, Balken-, Streifen- und Kreisdiagramme.

Beim **Auswerten** von solchen **Diagrammen** musst du gut aufpassen. Manchmal geben die Schaubilder ein verzerrtes Bild der Wirklichkeit wieder.
Achte deshalb auf folgende Punkte:

- Stimmen die erhobenen Daten mit den Diagrammen und Aussagen überein?
- Was zeigt die **x-Achse**, was zeigt die **y-Achse**?
- Beginnen die Achsen bei **0**? Welche **Einheiten** wurden gewählt?

eispiele

1. Florian hat folgenden Artikel zu seinen erhobenen Daten verfasst:

Bei einer Umfrage unter 45 Schülern der 9. Klasse gaben die meisten Schüler Sport als ihr Lieblingsfach an. Mathematik erhielt gerade mal halb so viele Stimmen und landete auf Platz 2.
Knapp dahinter konnte sich Englisch mit 8 Stimmen den 3. Platz sichern.

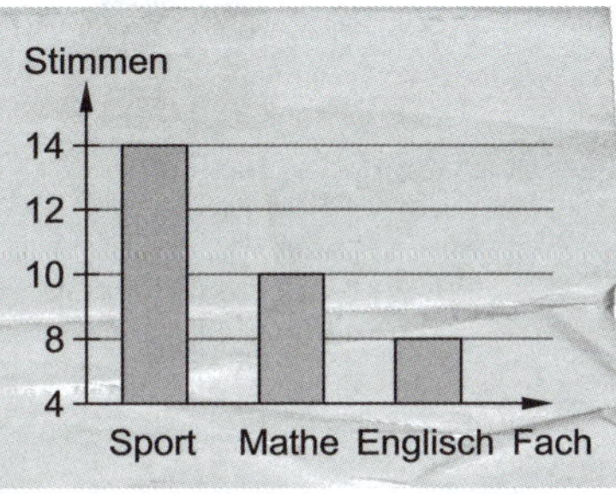

Überprüfe die Aussagen in Florians Artikel.
Welche Aussagen kannst du bestätigen, welche Aussagen sind falsch?

Lösung:

Sport hat die meisten Stimmen erhalten (14). Mathematik hat laut Diagramm 10 Stimmen erhalten, das sind nur 4 Stimmen weniger als Sport und nicht, wie im Artikel behauptet, halb so viele Stimmen. Englisch bekam 8 Stimmen.

Die y-Achse beginnt bei Florians Diagramm nicht bei 0. Dadurch ist die Säule der Stimmen für Mathematik halb so hoch wie die der Stimmen für Sport. Auf den ersten Blick entsteht so ein falsches Bild der Wirklichkeit.

2. Lies aus dem Diagramm zur Hochrechnung der Wählerstimmen die Anteile der einzelnen Parteien ab und erstelle daraus ein Kreisdiagramm.

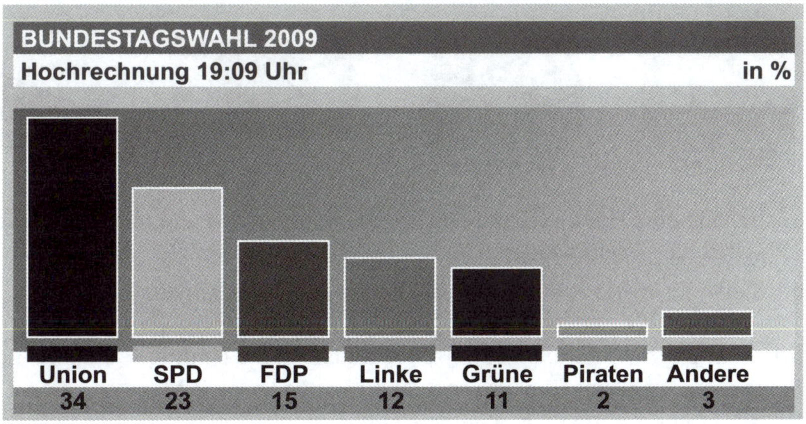

Lösung:

Partei	Union	SPD	FDP	Linke	Grüne	Piraten	Andere
%	34 %	23 %	15 %	12 %	11 %	2 %	3 %

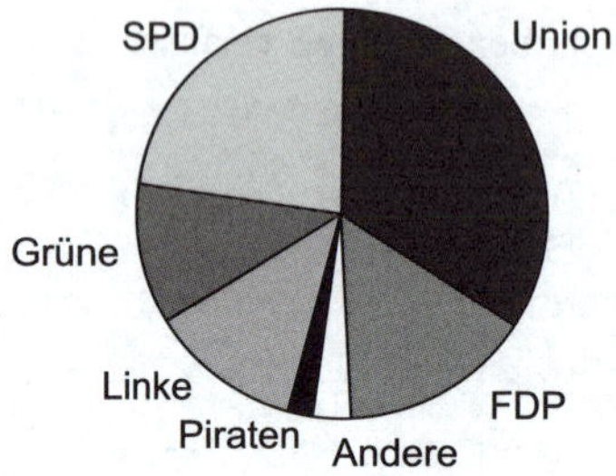

100 % ≙ 360°			
1 % ≙ 3,6°			
34 % ≙ 122,4°	≈ 122°	Union
23 % ≙ 82,8°	≈ 83°	SPD
15 % ≙ 54,0°		FDP
12 % ≙ 43,2°	≈ 43°	Linke
11 % ≙ 39,6°	≈ 40°	Grüne
2 % ≙ 7,2°	≈ 7°	Piraten
3 % ≙ 10,8°	≈ 11°	Andere

184 Die Schülerinnen und Schüler der Klasse 9 a haben folgende Körpergrößen (Angaben in m).

1,53; 1,80; 1,77; 1,50; 1,81; 1,98; 1,76; 1,77; 1,79; 1,65;
1,59; 1,68; 1,71; 1,73; 1,60; 1,81; 1,60; 1,55; 1,82; 1,80

a) Bestimme das arithmetische Mittel und den Zentralwert.

b) Fasse die Angaben in Gruppen zusammen (1,50 m – 1,59 m; 1,60 m – 1,69 m; 1,70 m – 1,79 m; 1,80 m – 1,89 m; 1,90 m – 1,99 m) und erstelle ein Säulendiagramm.

185 Elena befragt ihre Mitschüler nach deren Lieblingssport.

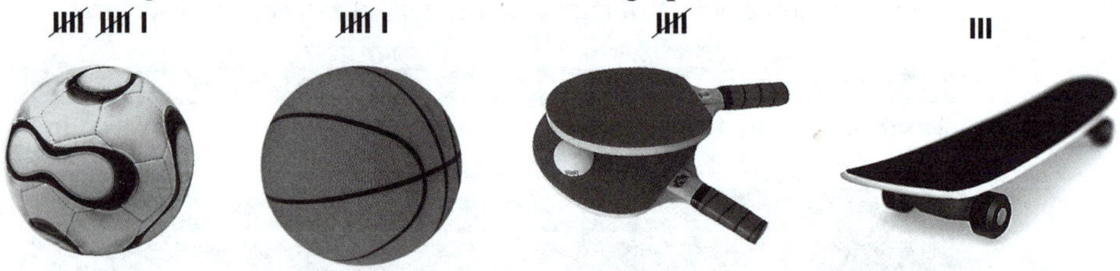

a) Erstelle eine Häufigkeitstabelle, in der die absoluten und relativen Häufigkeiten dargestellt werden.

b) Stelle die Werte in einem aussagekräftigen Diagramm dar.

186 Eine Plattenfirma führte unter 500 Jugendlichen eine Umfrage durch. Auf die Frage „Von welchem Künstler hast du dir in den letzen 2 Monaten eine CD gekauft?“ erhielt sie folgende relative Häufigkeiten:
Lady Gaga: 37 %; Kylie Minogue: 5 %; Katy Perry: 20 %; Gentleman: 6 %; Robbie Williams: 12 %; Sonstige: 34 %.

a) Berechne, wie viele CDs von den jeweiligen Künstlern verkauft wurden.

b) Jenny möchte für diese Daten ein Kreisdiagramm anfertigen.
Begründe, warum das nicht möglich ist.

187 Eine Jugendzeitschrift hat 1 000 Schüler aus Abschlussklassen verschiedener Hauptschulen nach ihren Plänen für die Zukunft befragt.

Pläne für die Zukunft	absolute Häufigkeit	relative Häufigkeit
Realschulabschluss machen	212	
Ausbildung zum Friseur	103	
Ausbildung zum Einzelhandelskaufmann	149	
Ausbildung zum Mechatroniker	118	
Ausbildung zum Floristen	73	
Sonstige Ausbildung	202	
Berufsvorbereitendes Jahr	143	

Ergänze zunächst die Tabelle und kreuze dann die Aussagen an, die in der Zeitschrift stehen könnten.

- ☐ Über 60 % der Schüler möchten eine Ausbildung machen.
- ☐ Ein Viertel der Schüler strebt einen Realschulabschluss an.
- ☐ 35,5 % der Schüler möchten nach ihrem Abschluss nicht sofort arbeiten.
- ☐ Immer weniger Absolventen wollen Florist werden.
- ☐ Die meisten Hauptschulabgänger möchten eine Ausbildung zum Einzelhandelskaufmann machen.
- ☐ Von den Schülern, die eine Ausbildung machen möchten, möchten weniger als die Hälfte Friseur, Mechatroniker oder Florist werden.

188 Beide Schaubilder stellen denselben Sachverhalt dar, wirken aber unterschiedlich. Woran liegt das?

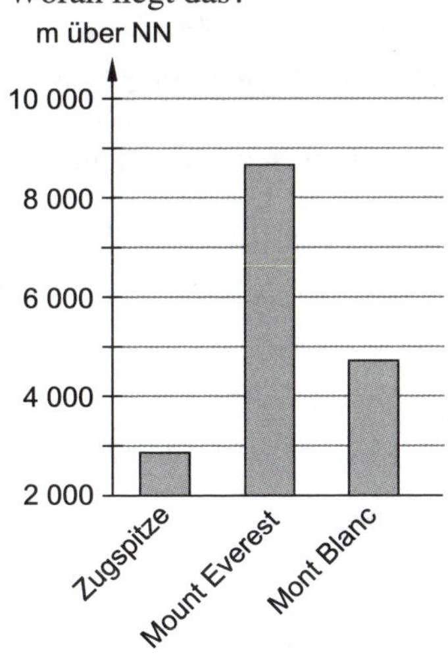

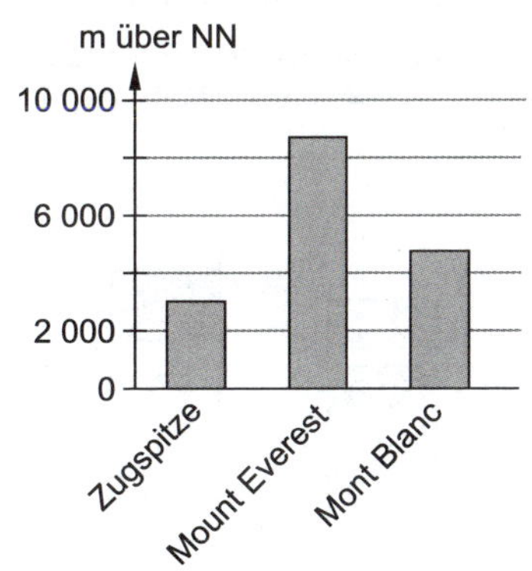

189 In folgendem Diagramm sind die Schuhgrößen der Schüler der 9 b dargestellt.

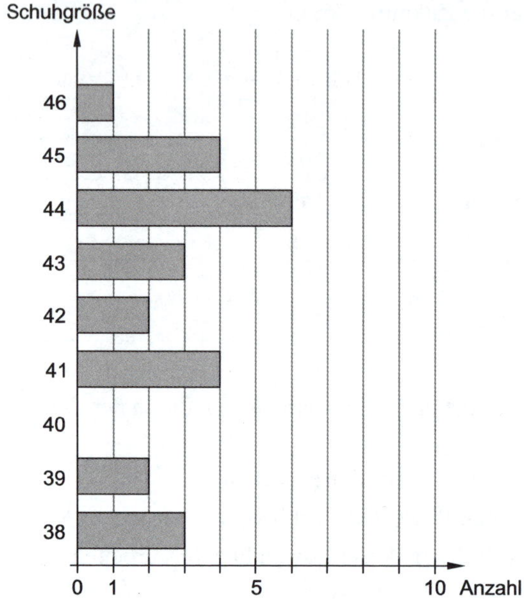

Bestimme die relative Häufigkeiten und stelle den Sachverhalt in einem Kreisdiagramm dar.

190 Im Jahr 2010 hatten die im Deutschen Bundestag vertretenen Parteien folgende Mitgliederzahlen:

CDU	517 098	SPD	512 520
CSU	160 000	Die Linke	78 700
FDP	71 812	Bündnis 90/Die Grünen	49 583

Erstelle (mithilfe einer Tabellenkalkulation) ein Säulen- und ein Kreisdiagramm.

191 Gib mindestens 3 wahre Aussagen an, die du dem Diagramm entnehmen kannst.

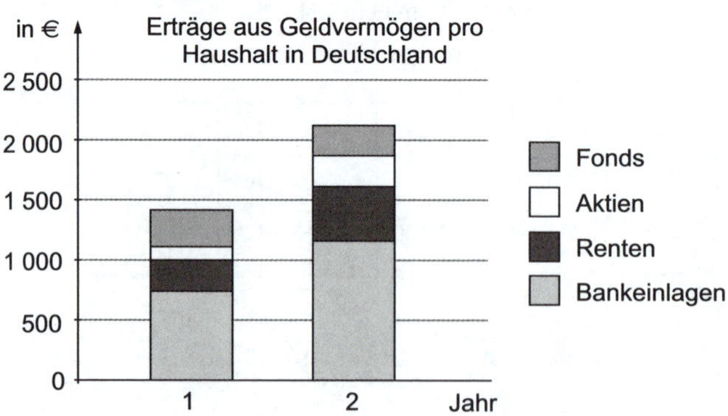

Lösungen

Oft ist es nicht leicht, den **Überblick** über all die Formeln und Rechentricks zu behalten, die für die Lösung einer Aufgabe sinnvoll sind. Mit etwas Geduld und Übung wirst du aber sicherlich merken, dass es dir mit der Zeit immer leichter fällt. Solltest du trotzdem einmal nicht wissen, ob du auf dem richtigen Weg bist, helfen dir die folgenden **Lösungen**.

1 a) $7 \cdot 7 \cdot 7 \cdot 7 \cdot 7 = 7^{5} = 16\,807$

b) $29 \cdot 29 = 29^{2} = 841$

c) $17{,}2 \cdot 17{,}2 \cdot 17{,}2 \cdot 17{,}2 = 17{,}2^{4} = 87\,521{,}3056$

d) $0{,}25 \cdot 0{,}25 = 0{,}25^{2} = 0{,}0625$

e) $\frac{1}{9} \cdot \frac{1}{9} \cdot \frac{1}{9} = \left(\frac{1}{9}\right)^{3} = \frac{1}{729}$

f) $\frac{2}{3} \cdot \frac{2}{3} \cdot \frac{2}{3} = \left(\frac{2}{3}\right)^{3} = \frac{8}{27}$

2 a) $9^{3} = 9 \cdot 9 \cdot 9 = 729$

b) $11^{4} = 11 \cdot 11 \cdot 11 \cdot 11 = 14\,641$

c) $5^{5} = 5 \cdot 5 \cdot 5 \cdot 5 \cdot 5 = 3125$

d) $6{,}3^{2} = 6{,}3 \cdot 6{,}3 = 39{,}69$

e) $\left(\frac{2}{5}\right)^{3} = \frac{2}{5} \cdot \frac{2}{5} \cdot \frac{2}{5} = \frac{8}{125}$

f) $\left(\frac{3}{8}\right)^{4} = \frac{3}{8} \cdot \frac{3}{8} \cdot \frac{3}{8} \cdot \frac{3}{8} = \frac{81}{4\,096}$

3 a) $16 = 4^{2}$

b) $81 = 9^{2}$

c) $169 = 13^{2}$

d) $121 = 11^{2}$

4 a) $9^{1} = 9$

b) $4^{3} > 4$
$4^{3} = 64$

c) $0{,}1^{6} < 0{,}1$
$0{,}1^{6} = 0{,}000001$

d) $0{,}009^{4} < 0{,}009$
$0{,}009^{4} \approx 0{,}000000007$

5 a)

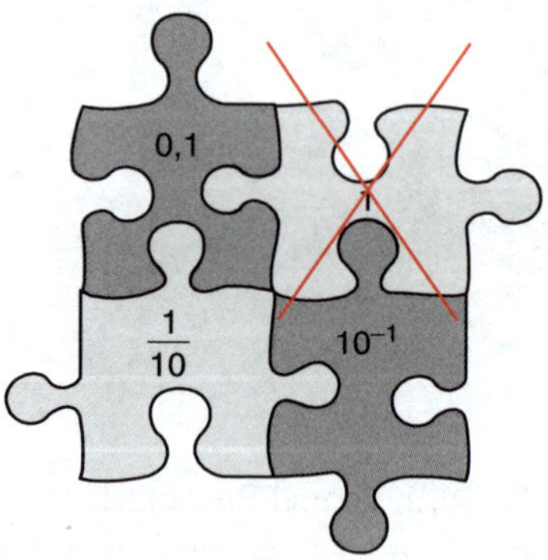

b)

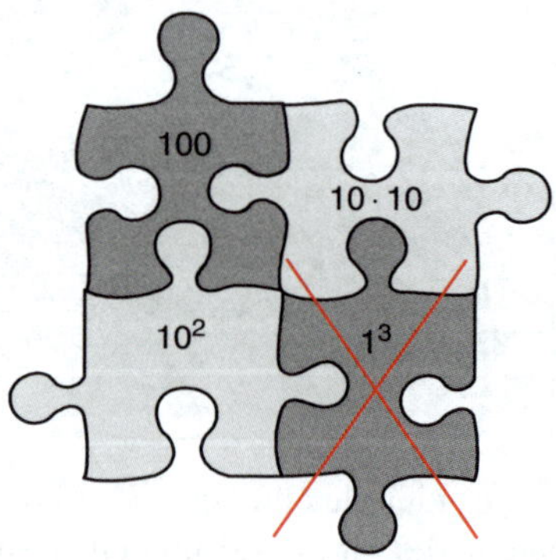

c)

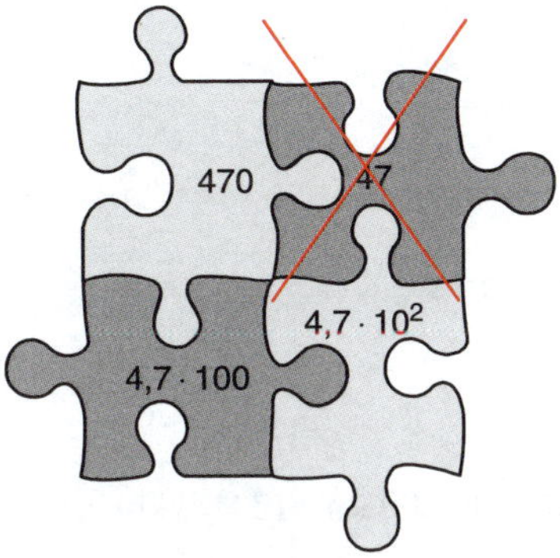

d)

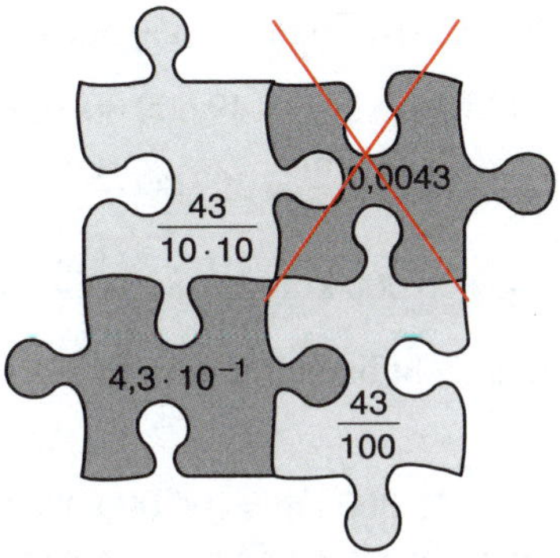

6 a) $123\,000 = 123 \cdot 10^3 = 1{,}23 \cdot 10^5$
b) $4\,560\,000 = 456 \cdot 10^4 = 4{,}56 \cdot 10^6$
c) $82\,000 = 82 \cdot 10^3 = 8{,}2 \cdot 10^4$
d) $2\,500 = 25 \cdot 10^2 = 2{,}5 \cdot 10^3$
e) $97\,600\,000 = 976 \cdot 10^5 = 9{,}76 \cdot 10^7$
f) $12 = 1{,}2 \cdot 10^1$

7 a) $384\,400 \approx 384\,000 = 384 \cdot 10^3 = 3{,}84 \cdot 10^5$
b) $17\,075\,400 \approx 17\,100\,000 = 171 \cdot 10^5 = 1{,}71 \cdot 10^7$
c) $62\,168\,489 \approx 62\,200\,000 = 622 \cdot 10^5 = 6{,}22 \cdot 10^7$
d) $1\,166\,079\,000 \approx 1\,170\,000\,000 = 117 \cdot 10^7 = 1{,}17 \cdot 10^9$

8 a) $0{,}025 = 2{,}5 \cdot 10^{-2} = 25 \cdot 10^{-3}$
b) $0{,}79 = 7{,}9 \cdot 10^{-1} = 79 \cdot 10^{-2}$
c) $0{,}003 = 3 \cdot 10^{-3}$
d) $0{,}00041 = 4{,}1 \cdot 10^{-4} = 41 \cdot 10^{-5}$
e) $0{,}12 = 1{,}2 \cdot 10^{-1} = 12 \cdot 10^{-2}$
f) $0{,}000063 = 6{,}3 \cdot 10^{-5} = 63 \cdot 10^{-6}$

9 a) $5 \cdot 10^3 = 5\,000$
b) $1{,}7 \cdot 10^5 = 170\,000$
c) $9{,}54 \cdot 10^4 = 95\,400$
d) $6{,}3 \cdot 10^2 = 630$
e) $1{,}735 \cdot 10^3 = 1\,735$
f) $\frac{3}{8} \cdot 10^4 = 0{,}375 \cdot 10^4 = 3\,750$

10 a) $2{,}5 \cdot 10^{-3} = 0{,}0025$
b) $1{,}04 \cdot 10^{-6} = 0{,}00000104$
c) $9{,}29 \cdot 10^{-4} = 0{,}000929$
d) $6{,}687 \cdot 10^{-5} = 0{,}00006687$
e) $4 \cdot 10^{-2} = 0{,}04$
f) $3{,}6676 \cdot 10^{-8} = 0{,}000000036676$

11 a) $9{,}4605 \cdot 10^{12}$ km = 9 460 500 000 000 km

b) 149,6 Mio km = 149 600 000 km

$2{,}998 \cdot 10^5 \frac{km}{s} = 299\,800 \frac{km}{s}$

$149\,600\,000\ km : 299\,800 \frac{km}{s} \approx 499\ s = 8\ min\ 19\ s$

Das Licht braucht 8 min 19 s.

12 10^{23} km : 12 800 km = 100 000 000 000 000 000 000 000 km : 12 800 km =
7 812 500 000 000 000 000 = $7{,}8125 \cdot 10^{18}$
Die Erde passt $7{,}8125 \cdot 10^{18}$-mal in das Universum.

13 $3 \cdot 10^{11} - 2 \cdot 10^{11}$ = 300 000 000 000 − 200 000 000 000 = 100 000 000 000

14 1 m = 1 000 mm

$1{,}74 \cdot 10^{-10}$ m = 0,000000000174 m = 0,000000174 mm
≈ 0,0000002 mm
1 mm : 0,0000002 mm = 5 000 000
Man müsste ca. 5 000 000 Goldatome aneinanderlegen, um eine Länge von 1 mm zu erhalten.

15 Der **Radius** eines roten Blutkörperchens beträgt $0{,}5 \cdot 7{,}5 \cdot 10^{-6}$ m = $3{,}75 \cdot 10^{-6}$ m.
$3{,}75 \cdot 10^{-6} : (1{,}1 \cdot 10^{-10})$ = 0,00000375 : 0,00000000011 ≈ 34 091
Der Radius eines roten Blutkörperchens ist etwa 34 091-mal so groß wie der eines Silizium-Atoms.

16 a) $25 \cdot 10^2 + 17 \cdot 10^4$ = 2 500 + 170 000 = 172 500 = $17{,}25 \cdot 10^4$

b) $45 \cdot 10^5 - 22 \cdot 10^5$ = 4 500 000 − 2 200 000 = 2 300 000 = $23 \cdot 10^5$

c) $10^3 \cdot 10^4$ = 1 000 · 10 000 = 10 000 000 = 10^7

d) $10^{11} : 10^7$ = 100 000 000 000 : 10 000 000 = 10 000 = 10^4

17 a) $1{,}5^2 = 2{,}25$
$1{,}5 \cdot 1{,}5 = 2{,}25$

b) $0{,}2^{-3} > 12{,}5$
$0{,}2^{-3} = \dfrac{1}{0{,}008} = 125$

c) $1{,}111 \cdot 10^5 < 11{,}11 \cdot 10^6$
$1{,}111 \cdot 10^5 = 111\,100$
$11{,}11 \cdot 10^6 = 11\,110\,000$

d) $10^8 \cdot 2{,}25 < 225 \cdot 10^9$
$10^8 \cdot 2{,}25 = 225\,000\,000$
$225 \cdot 10^9 = 225\,000\,000\,000$

18 a) $\sqrt{64} = 8$
denn $8 \cdot 8 = 64$

b) $\sqrt{169} = 13$
denn $13 \cdot 13 = 169$

c) $\sqrt{225} = 15$
denn $15 \cdot 15 = 125$

d) $\sqrt{2\,500} = 50$
denn $50 \cdot 50 = 2\,500$

19 a) $\sqrt{0{,}25} = 0{,}5$ (S)

b) $\sqrt{0{,}0036} = 0{,}06$ (A)

c) $\sqrt{1{,}44} = 1{,}2$ (T)

d) $\sqrt{\dfrac{4}{9}} = \dfrac{2}{3}$ (U)

e) $\sqrt{\dfrac{9}{16}} = \dfrac{3}{4}$ (R)

f) $\sqrt{\dfrac{81}{121}} = \dfrac{9}{11}$ (N)

Lösungswort: **S A T U R N**

20 a) $\sqrt{99} \approx 9{,}9$

b) $\sqrt{62{,}5} \approx 7{,}9$

c) $\sqrt{0{,}74} \approx 0{,}86$

d) $\sqrt{0{,}0018} \approx 0{,}042$

21 a) $\sqrt{81} = 9$

b) $\sqrt{100} = 10$

c) $\sqrt{3\,600} = 60$

d) $\sqrt{400} = 20$

22 a) $8z + 24 = 40 \quad |-24$

$8z = 16 \quad |:8$

$z = 2$

Probe:

$8 \cdot \mathbf{2} + 24 = 40$

$16 + 24 = 40$

$40 = 40$ (wahr)

b) $50 + 4t = 75 \quad |-50$

$4t = 25 \quad |:4$

$t = 6{,}25$

Probe:

$50 + 4 \cdot \mathbf{6{,}25} = 75$

$50 + 25 = 75$

$75 = 75$ (wahr)

c) $2c - 1 = 5 \quad |+1$

$2c = 6 \quad |:2$

$c = 3$

Probe:

$2 \cdot \mathbf{3} - 1 = 5$

$6 - 1 = 5$

$5 = 5$ (wahr)

d) $16 = 40 - 3d \quad |+3d$

$16 + 3d = 40 \quad |-16$

$3d = 24 \quad |:3$

$d = 8$

Probe:

$16 = 40 - 3 \cdot \mathbf{8}$

$16 = 40 - 24$

$16 = 16$ (wahr)

23 a) $42x = 72 + 6x \quad |-6x$

$36x = 72 \quad |:36$

$x = 2$

Probe:

$42 \cdot \mathbf{2} = 72 + 6 \cdot \mathbf{2}$

$84 = 72 + 12$

$84 = 84$ (wahr)

b) $13b+2=5b+18 \quad |-5b$

$8b+2=18 \quad |-2$

$8b=16 \quad |:8$

$b=2$

Probe:

$13\cdot\mathbf{2}+2=5\cdot\mathbf{2}+18$

$26+2=10+18$

$28=28$ (wahr)

c) $24z+6=42z-282 \quad |-24z$

$6=18z-282 \quad |+282$

$288=18z \quad |:18$

$16=z$

Probe:

$24\cdot\mathbf{16}+6=42\cdot\mathbf{16}-282$

$384+6=672-282$

$390=390$ (wahr)

d) $47a-270=24a+6 \quad |-24a$

$23a-270=6 \quad |+270$

$23a=276 \quad |:23$

$a=12$

Probe:

$47\cdot\mathbf{12}-270=24\cdot\mathbf{12}+6$

$564-270=288+6$

$294=294$ (wahr)

e) $57y-32=21y+184 \quad |-21y$

$36y-32=184 \quad |+32$

$36y=216 \quad |:36$

$y=6$

Probe:

$57\cdot\mathbf{6}-32=21\cdot\mathbf{6}+184$

$342-32=126+184$

$310=310$ (wahr)

f) $1{,}5c-8=2-c+5$

$1{,}5c-8=7-c \quad |+c+8$

$2{,}5c=15 \quad |:2{,}5$

$c=6$

Probe:

$1{,}5\cdot\mathbf{6}-8=2-\mathbf{6}+5$

$9-8=1$

$1=1$ (wahr)

24 a) $4\cdot(8x+1)=2\cdot(x+62)$

$$\begin{aligned} 32x+4&=2x+124 && \mid -2x\\ 30x+4&=124 && \mid -4\\ 30x&=120 && \mid :30\\ x&=4 \end{aligned}$$

b) $5\cdot(8x+1)+13x=6\cdot(9x-4)$

$$\begin{aligned} 40x+5+13x&=54x-24\\ 53x+5&=54x-24 && \mid -53x\\ 5&=x-24 && \mid +24\\ 29&=x \end{aligned}$$

c) $6x+24-(24x+36)=-4x+72$

$$\begin{aligned} 6x+24-24x-36&=-4x+72\\ -18x-12&=-4x+72 && \mid +18x\\ -12&=14x+72 && \mid -72\\ -84&=14x && \mid :14\\ -6&=x \end{aligned}$$

d) $8\cdot(x+10)-12\cdot(x-10)=4\cdot(x-2)-6x$

$$\begin{aligned} 8x+80-12x+120&=4x-8-6x\\ -4x+200&=-2x-8 && \mid +4x\\ 200&=2x-8 && \mid +8\\ 208&=2x && \mid :2\\ 104&=x \end{aligned}$$

e) $3\cdot(x-3)+1{,}5\cdot(9-x)=5{,}5x-15{,}5$

$$\begin{aligned} 3x-9+13{,}5-1{,}5x&=5{,}5x-15{,}5\\ 1{,}5x+4{,}5&=5{,}5x-15{,}5 && \mid -1{,}5x\\ 4{,}5&=4x-15{,}5 && \mid +15{,}5\\ 20&=4x && \mid :4\\ 5&=x \end{aligned}$$

25 a) $24-6x+34=4$

$$\begin{aligned} -6x+58&=4 && \mid -58\\ -6x&=-54 && \mid \cdot(-1)\\ 6x&=54 && \mid :6\\ x&=\mathbf{9} \end{aligned}$$

b)

$$\begin{aligned} 3x-50&=69-4x && \mid +4x\\ 7x-50&=69 && \mid +50\\ 7x&=119 && \mid :7\\ x&=\mathbf{17} \end{aligned}$$

26 a)

$$\frac{2}{3}x = 5 \qquad |\cdot 3$$

$$\frac{2\cdot 3}{3}x = 5\cdot 3$$

$$2x = 15 \qquad |:2$$

$$x - 7{,}5 \qquad \text{(T)}$$

b)

$$\frac{1}{3}x - 1 = 17 \qquad |\cdot 3$$

$$\frac{1\cdot 3}{3}x - 1\cdot 3 = 17\cdot 3$$

$$x - 3 = 51 \qquad |+3$$

$$x = 54 \qquad \text{(E)}$$

c)

$$\frac{y}{3} - 3 = -\frac{8}{3} \qquad |\cdot 3$$

$$\frac{y\cdot 3}{3} - 3\cdot 3 = -\frac{8\cdot 3}{3}$$

$$y - 9 = -8 \qquad |+9$$

$$y = 1 \qquad \text{(R)}$$

d)

$$12 + \frac{x}{3} = 51 \qquad |\cdot 3$$

$$12\cdot 3 + \frac{x\cdot 3}{3} = 51\cdot 3$$

$$36 + x = 153 \qquad |-36$$

$$x = 117 \qquad \text{(M)}$$

Lösungswort: **T E R M**

27 a)

$$1\frac{1}{3}x + \frac{4}{5} = \frac{14}{15} + x \qquad \left| -x - \frac{4}{5} \right.$$

$$\frac{1}{3}x = \frac{14}{15} - \frac{4}{5}$$

$$\frac{1}{3}x = \frac{2}{15} \qquad |\cdot 15 \text{ (Hauptnenner)}$$

$$\frac{1\cdot 15}{3}x = \frac{2\cdot 15}{15}$$

$$5x = 2 \qquad |:5$$

$$x = 0{,}4$$

b) $$2+4x=\frac{12}{5}x+\frac{2}{3}\cdot(6+3x) \qquad |\cdot 15 \text{ (Hauptnenner)}$$

$$2\cdot 15+4x\cdot 15=\frac{12\cdot 15}{5}x+\frac{2}{3}\cdot(6+3x)\cdot 15$$
$$30+60x=36x+10\cdot(6+3x)$$
$$30+60x=36x+60+30x$$
$$30+60x=66x+60 \qquad |-60$$
$$-30+60x=66x \qquad |-60x$$
$$-30=6x \qquad |:6$$
$$-5=x$$

c) $$1{,}5\cdot(20-2x)=2\cdot\left(\frac{3}{2}x-15\right)$$
$$30-3x=3x-30 \qquad |+3x$$
$$30=6x-30 \qquad |+30$$
$$60=6x \qquad |:6$$
$$10=x$$

d) $$(2x+1)\cdot\frac{5}{4}=\frac{15}{8}$$
$$\frac{5}{2}x+\frac{5}{4}=\frac{15}{8} \qquad |\cdot 8 \text{ (Hauptnenner)}$$
$$\frac{5\cdot 8}{2}x+\frac{5\cdot 8}{4}=\frac{15\cdot 8}{8}$$
$$20x+10=15 \qquad |-10$$
$$20x=5 \qquad |:20$$
$$x=0{,}25$$

e) $$2\cdot(x+3)=\frac{7x+8}{2} \qquad |\cdot 2 \text{ (Hauptnenner)}$$
$$2\cdot(x+3)\cdot 2=\frac{(7x+8)\cdot 2}{2}$$
$$4\cdot(x+3)=7x+8$$
$$4x+12=7x+8 \qquad |-4x$$
$$12=3x+8 \qquad |-8$$
$$4=3x \qquad |:3$$
$$\frac{4}{3}=x$$

f) $$24 \cdot \frac{2x+11}{9} = \frac{744}{9} \quad | \cdot 9 \text{ (Hauptnenner)}$$

$$24 \cdot \frac{(2x+11) \cdot 9}{9} = \frac{744 \cdot 9}{9}$$

$$24 \cdot (2x+11) = 744 \quad |:24$$

$$2x+11 = 31 \quad |-11$$

$$2x = 20 \quad |:2$$

$$x = 10$$

28 a) $$\frac{6x}{5} = \frac{2+3x}{2} \quad | \cdot 10 \text{ (Hauptnenner)}$$

$$\frac{6x \cdot 10}{5} = \frac{(2+3x) \cdot 10}{2}$$

$$12x = (2+3x) \cdot 5$$

$$12x = 10+15x \quad |-12x-10$$

$$-10 = 3x \quad |:3$$

$$-\frac{10}{3} = x$$

b) $$\frac{2+3t}{2} = \frac{5t-12}{4} \quad | \cdot 4 \text{ (Hauptnenner)}$$

$$\frac{(2+3t) \cdot 4}{2} = \frac{(5t-12) \cdot 4}{4}$$

$$(2+3t) \cdot 2 = 5t-12$$

$$4+6t = 5t-12 \quad |-5t-4$$

$$t = -16$$

c) $$\frac{t+0{,}3}{3} = \frac{9t-3{,}7+2t}{9} \quad | \cdot 9 \text{ (Hauptnenner)}$$

$$\frac{(t+0{,}3) \cdot 9}{3} = \frac{(9t-3{,}7+2t) \cdot 9}{9}$$

$$(t+0{,}3) \cdot 3 = 11t-3{,}7$$

$$3t+0{,}9 = 11t-3{,}7 \quad |-3t+3{,}7$$

$$4{,}6 = 8t \quad |:8$$

$$0{,}575 = t$$

d) $2\cdot\frac{x-14}{2}=\frac{20,4-2}{4}$

$\frac{2\cdot(x-14)}{2}=\frac{18,4}{4}$

$x-14=4,6 \qquad |+14$

$x=18,6$

e) $x=\frac{1}{2}-\frac{3x-15}{10} \qquad |\cdot 10$ (Hauptnenner)

$x\cdot 10=\frac{1\cdot 10}{2}-\frac{(3x-15)\cdot 10}{10}$

$10x=5-(3x-15)$

$10x=5-3x+15 \qquad |+3x$

$13x=20 \qquad |:13$

$x=\frac{20}{13}=1\frac{7}{13}$

f) $\frac{1}{3}t+\frac{1}{30}=\frac{9t-3,7+2t}{9} \qquad |\cdot 9$

$\frac{1\cdot 9}{3}t+\frac{1\cdot 9}{30}=\frac{(9t-3,7+2t)\cdot 9}{9}$

$3t+\frac{9}{30}=11t-3,7$

$3t+\frac{3}{10}=11t-3,7 \qquad |\cdot 10$

$30t+3=110t-37 \qquad |-30t+37$

$40=80t \qquad |:80$

$\frac{1}{2}=t$

29 $V=a\cdot b\cdot c \qquad |:a \quad |:b$

$c=\frac{V}{a\cdot b}$

$c=\frac{128}{5\cdot 8}$ cm

$c=3,2$ cm

30

$$v = \frac{s}{t} \qquad |\cdot t$$
$$v \cdot t = s \qquad |: v$$
$$t = \frac{s}{v}$$
$$t = \frac{50}{75}\,h$$
$$t = \frac{2}{3}\,h = \frac{2}{3} \cdot 60\,\text{min} = 40\,\text{min}$$

31

$$A = \frac{g \cdot h_g}{2} \qquad |\cdot 2$$
$$A \cdot 2 = g \cdot h_g \qquad |: g$$
$$h_g = \frac{2A}{g}$$
$$h_g = \frac{2 \cdot 11{,}2}{4}\,\text{cm}$$
$$h_g = 5{,}6\,\text{cm}$$

32

$$A = \frac{a+c}{2} \cdot h \qquad |\cdot 2$$
$$A \cdot 2 = (a+c) \cdot h \qquad |: h$$
$$\frac{2A}{h} = a + c \qquad |-c$$
$$a = \frac{2A}{h} - c$$
$$a = \frac{2 \cdot 17{,}6}{3{,}2}\,\text{cm} - 4{,}5\,\text{cm}$$
$$a = 6{,}5\,\text{cm}$$

33 Die gesuchte Zahl sei x.
Zum **3-Fachen** der Zahl **6 addieren:** $3x + 6$
Die Zahl **von 8 subtrahieren:** $8 - x$

$$3x + 6 = 8 - x \qquad |+x-6$$
$$4x = 2 \qquad |:4$$
$$x = 0{,}5$$

Die gesuchte Zahl ist 0,5.

34 Die kleinste der Zahlen sei x.
Die 3 **darauffolgenden** Zahlen sind $x+1$, $x+2$ und $x+3$.

$$\begin{aligned} x+x+1+x+2+x+3 &= 358 \\ 4x+6 &= 358 \quad &|-6 \\ 4x &= 352 \quad &|:4 \\ x &= 88 \end{aligned}$$

Die Zahlen heißen 88, 89, 90 und 91.

35 Die gedachte Zahl sei x.
Von der Zahl **20 subtrahieren**, dann **mit 1,5 multiplizieren:** $(x-20)\cdot 1{,}5$
Die gedachte Zahl **subtrahieren:** $-x$
Von 15 **die Hälfte der Zahl subtrahieren:** $15-0{,}5x$
Verdoppeln: $\cdot 2$

$$\begin{aligned} (x-20)\cdot 1{,}5-x &= (15-0{,}5x)\cdot 2 \\ 1{,}5x-30-x &= 30-x \quad &|+x+30 \\ 1{,}5x &= 60 \quad &|:1{,}5 \\ x &= 40 \end{aligned}$$

Die gedachte Zahl heißt 40.

36 Es ist $\boldsymbol{\beta = \alpha - 16°}$ und $\boldsymbol{\gamma = \alpha + 22°}$.
Zusammen sind die 3 Winkel **180°** groß (Winkelsumme im Dreieck).

$$\begin{aligned} \alpha+\alpha-16°+\alpha+22° &= 180° \\ 3\alpha+6° &= 180° \quad &|-6° \\ 3\alpha &= 174° \quad &|:3 \\ \alpha &= 58° \end{aligned}$$

Es sind $\alpha=58°$, $\beta=42°$ und $\gamma=80°$.

37 a) Das gesamte Kapital sei x €.
Herr Engel: **120 000 €**
Frau Friedrich: $\frac{1}{4}\cdot x$
Frau Gerlach: $\frac{2}{3}\cdot x$

$$\begin{aligned} 120\,000+\frac{1}{4}x+\frac{2}{3}x &= x \quad &|\cdot 12 \text{ (Hauptnenner)} \\ 1\,440\,000+3x+8x &= 12x \\ 1\,440\,000+11x &= 12x \quad &|-11x \\ 1\,440\,000 &= x \end{aligned}$$

Das Gesamtkapital beträgt 1 440 000 €.

b) Frau Friedrich investiert $\frac{1}{4} \cdot 1\,440\,000\,€ = 360\,000\,€$,
Frau Gerlach $\frac{2}{3} \cdot 1\,440\,000\,€ = 960\,000\,€$.

38 Kevin sei x Jahre alt.
Dann ist sein Vater **3 · x** Jahre alt.

$$\begin{aligned} x + 3x &= 60 \\ 4x &= 60 \quad &|:4 \\ x &= 15 \end{aligned}$$

Kevin ist 15 Jahre alt, sein Vater ist 45 Jahre alt.

39 Es seien x Kaninchen.
Dann sind es **(35 – x)** Hühner.
Kaninchen haben 4 Beine, Hühner haben 2 Beine.

$$\begin{aligned} 4 \cdot x + 2 \cdot (35 - x) &= 94 \\ 4x + 70 - 2x &= 94 \quad &|-70 \\ 2x &= 24 \quad &|:2 \\ x &= 12 \end{aligned}$$

Es sind 12 Kaninchen und 23 Hühner.

40

$$\begin{aligned} \frac{x}{5} &= x - 5 \quad &|\cdot 5 \\ x &= (x - 5) \cdot 5 \\ x &= 5x - 25 \quad &|-x+25 \\ 25 &= 4x \\ x &= \frac{25}{4} = 6{,}25 \end{aligned}$$

Die Zahl heißt 6,25.

41 Der jüngste Sohn erhalte x Dukaten.
Der mittlere bekommt dann **(x + 2 000)** Dukaten, der älteste **(x + 4 000)** Dukaten.

$$\begin{aligned} x + x + 2\,000 + x + 4\,000 &= 15\,000 \\ 3x + 6\,000 &= 15\,000 \quad &|-6\,000 \\ 3x &= 9\,000 \quad &|:3 \\ x &= 3\,000 \end{aligned}$$

Der jüngste Sohn erhält 3 000 Dukaten, der mittlere 5 000 und der älteste 7 000.

42 Für ein Kind kostet der Eintritt x €.
Der Eintritt für die Eltern kostet dann jeweils **2x** €.

$$\begin{aligned} x+x+2x+2x &= 36 \\ 6x &= 36 \quad |:6 \\ x &= 6 \end{aligned}$$

Der Eintritt für ein Kind kostet 6 €, für die Eltern je 12 €.

43 Der kleinste Gewinn sei x €.
Der mittlere Gewinn ist dann **2x** €, der größte Gewinn ist **2 · 2x** €

$$\begin{aligned} x+2x+4x &= 1\,260\,000 \\ 7x &= 1\,260\,000 \quad |:7 \\ x &= 180\,000 \end{aligned}$$

Die Gewinne betragen 180 000 €, 360 000 € und 720 000 €.

44 Der Sohn sei x Jahre alt.
Für das Alter der Mutter gilt dann heute: **4x**
In 5 Jahren gilt somit für das Alter der Mutter: **4x + 5**
In 5 Jahren ist der Sohn **(x + 5)** Jahre alt und die Mutter 3-mal so alt, also **3 · (x + 5)** Jahre.

$$\begin{aligned} 3\cdot(x+5) &= 4x+5 \\ 3x+15 &= 4x+5 \quad |-3x-5 \\ 10 &= x \end{aligned}$$

Der Sohn ist 10, die Mutter 40 Jahre alt.

45 Paul habe x Einsen.
Dann hat er **(10 – x)** Dreier. Die Summe seiner Noten ist $10 \cdot 2{,}4 =$ **24**.

$$\begin{aligned} 1\cdot x+3\cdot(10-x) &= 24 \\ x+30-3x &= 24 \\ 30-2x &= 24 \quad |+2x-24 \\ 6 &= 2x \quad |:2 \\ 3 &= x \end{aligned}$$

Paul hat 3 Einser und 7 Dreier.

46 Fischer Fritz habe x Fische gefangen.
Seine genannte Zahl „über 99“ ist **5x – 99**, seine genannte Zahl „unter 99“ ist **99 – x**.

$$\begin{aligned} 5x-99 &= 99-x \quad |+x+99 \\ 6x &= 198 \quad |:6 \\ x &= 33 \end{aligned}$$

Er hat 33 Fische gefangen.

47 Der Hutmacher habe x Hüte dabei.

Am 1. Tag verkauft er $\frac{1}{3}x$ Hüte, der Rest ist $\frac{2}{3}x$ Hüte.

Am 2. Tag verkauft er $\frac{1}{2}\cdot\frac{2}{3}x$ Hüte, das sind $\frac{1}{3}x$ Hüte.

Der Rest ist wieder $\frac{1}{3}x$ Hüte.

Am 3. Tag verkauft er $\frac{7}{8}\cdot\frac{1}{3}x$ Hüte, das sind $\frac{7}{24}x$ Hüte.

$$\begin{aligned} \frac{1}{3}x+\frac{1}{3}x+\frac{7}{24}x+2 &= x && |\cdot 24 \\ 8x+8x+7x+48 &= 24x \\ 23x+48 &= 24x && |-23x \\ 48 &= x \end{aligned}$$

Der Hutmacher hatte 48 Hüte dabei.

48 $100\,\% \mathrel{\hat{=}} 350$ Schüler

$1\,\% \mathrel{\hat{=}} 350$ Schüler $: 100 = 3{,}5$ Schüler

$18\,\% \mathrel{\hat{=}} 3{,}5$ Schüler $\cdot 18 = 63$ Schüler

Oder:

$$P=\frac{G\cdot p}{100}$$

$$P=\frac{350\cdot 18}{100}\text{ Schüler}$$

$P = 63$ Schüler

Es wurden 63 Ehrenurkunden vergeben.

49 $100\,\% \mathrel{\hat{=}} 2\,738$ €

$1\,\% \mathrel{\hat{=}} 27{,}38$ €

$119\,\% \mathrel{\hat{=}} 27{,}38\cdot 119 = 3\,258{,}22$ €

Oder:

$$P=\frac{G\cdot p}{100}$$

$$P=\frac{2\,738\cdot 119}{100}\text{ €}$$

$P = 3\,258{,}22$ €

Es müssen 3 258,22 € überwiesen werden.

50 $12\,800\text{ km} \mathrel{\hat{=}} 100\,\%$

$1\text{ km} \mathrel{\hat{=}} 100\,\% : 12\,800$

$3\,500\text{ km} \mathrel{\hat{=}} 100\,\% : 12\,800 \cdot 3\,500 \approx 27{,}3\,\%$

Oder:

$$p = \frac{P \cdot 100}{G}$$

$$p\,\% = \frac{3\,500 \cdot 100}{12\,800}\,\%$$

$$p\,\% \approx 27{,}3\,\%$$

Das sind 27,3 % des Erddurchmessers.

51 Der **erhöhte Grundwert** beträgt **119 %**.

$119\,\% \mathrel{\hat{=}} 1\,817{,}13\text{ €}$

$1\,\% \mathrel{\hat{=}} 1\,817{,}13\text{ €} : 119 = 15{,}27\text{ €}$

$\mathbf{19}\,\% \mathrel{\hat{=}} 15{,}27\text{ €} \cdot 19 = 290{,}13\text{ €}$

Oder:

$$G = \frac{P \cdot 100}{p}$$

$$G = \frac{1\,817{,}13 \cdot 100}{119}\text{ €}$$

$$G = 1\,527\text{ €}$$

Die MwSt. beträgt **1 817,13 € – 1 527 €** = 290,13 €.

52 $65\,\% \mathrel{\hat{=}} 26\text{ Punkte}$

$1\,\% \mathrel{\hat{=}} 26\text{ Punkte} : 65 = 0{,}4\text{ Punkte}$

$100\,\% \mathrel{\hat{=}} 0{,}4\text{ Punkte} \cdot 100 = 40\text{ Punkte}$

Oder:

$$G = \frac{P \cdot 100}{p}$$

$$G = \frac{26 \cdot 100}{65}\text{ Punkte}$$

$$G = 40\text{ Punkte}$$

Es gab insgesamt 40 Punkte.

53 $\frac{2}{5} = 40\ \%$

Die 315 € entsprechen $100\ \% - 25\ \% - 40\ \% = 35\ \%$.

$35\ \% \triangleq 315\ €$

$1\ \% \triangleq 315\ € : 35 = 9\ €$

$100\ \% \triangleq 9\ € \cdot 100 = 900\ €$

Oder:

$$G = \frac{P \cdot 100}{p}$$

$$G = \frac{315 \cdot 100}{35}\ €$$

$$G = 900\ €$$

Der Urlaub kostet 900 €.

54 Nach der Lohnerhöhung ist der neue Verdienst **104,5 %** des alten Verdienstes.

$104{,}5\ \% \triangleq 18{,}81\ €$

$1\ \% \triangleq 18{,}81\ € : 104{,}5 = 0{,}18\ €$

$100\ \% \triangleq 0{,}18\ € \cdot 100 = 18\ €$

Oder:

$$G = \frac{P \cdot 100}{p}$$

$$G = \frac{18{,}81 \cdot 100}{104{,}5}\ €$$

$$G = 18\ €$$

Vor der Lohnerhöhung verdiente Erkan 18 € pro Stunde.

55 a) Charly hat bei seinem zweiten Gewichtsverlust 8 % abtrainiert hat, er wiegt jetzt also noch **92 %** des gesuchten Gewichts.

$92\ \% \triangleq 66{,}240\ \text{kg}$

$1\ \% \triangleq 66{,}240\ \text{kg} : 92 = 0{,}72\ \text{kg}$

$100\ \% \triangleq 0{,}72\ \text{kg} \cdot 100 = 72\ \text{kg}$

Oder:

$$G_1 = \frac{P \cdot 100}{p}$$

$$G_1 = \frac{66{,}24 \cdot 100}{92} \text{ kg}$$

$$G_1 = 72 \text{ kg}$$

Charly wog vor dem zweiten Gewichtsverlust 72 kg.

b) Bei seinem ersten Gewichtsverlust hat Charly 10 % seines Gewichts abtrainiert, wog also nur noch **90 %** seines ursprünglichen Gewichts.

$90\,\% \mathrel{\hat{=}} 72 \text{ kg}$

$10\,\% \mathrel{\hat{=}} 72 \text{ kg} : 9 = 8 \text{ kg}$

$100\,\% \mathrel{\hat{=}} 8 \text{ kg} \cdot 10 = 80 \text{ kg}$

Oder:

$$G_2 = \frac{72 \cdot 100}{90} \text{ kg}$$

$$G_2 = 80 \text{ kg}$$

Charly wog ursprünglich 80 kg.

56 a) Frau Paulsen hat keine 17 % gespart. Die 2 % Skonto werden erst abgezogen, nachdem der Preisnachlass abgezogen wurde. Da sich die Prozentwerte auf **unterschiedliche Grundwerte** beziehen, darf man sie nicht addieren.

b) Vom ursprünglichen Preis wird zuerst der Preisnachlass, dann der Skonto abgezogen. Es muss also zuerst der Preis **ohne 2 %** Skonto berechnet werden:

$98\,\% \mathrel{\hat{=}} 1\,666\text{ €}$

$1\,\% \mathrel{\hat{=}} 1\,666\text{ €} : 98 = 17\text{ €}$

$100\,\% \mathrel{\hat{=}} 17\text{ €} \cdot 100 = 1\,700\text{ €}$

Preis **ohne 15 %** Preisnachlass:

$85\,\% \mathrel{\hat{=}} 1\,700\text{ €}$

$1\,\% \mathrel{\hat{=}} 1\,700\text{ €} : 85 = 20\text{ €}$

$100\,\% \mathrel{\hat{=}} 20\text{ €} \cdot 100 = 2\,000\text{ €}$

Oder:

$$G_1 = \frac{P \cdot 100}{p}$$

$$G_1 = \frac{1\,666 \cdot 100}{98}\text{ €}$$

$$G_1 = 1\,700\text{ €}$$

$G_2 = \frac{1\,700 \cdot 100}{85}$ €

$G_2 = 2\,000$ €

Frau Paulsen hat **2 000 € − 1 666 €** = 334 € gespart.

57 a) 617 Tsd. ≙ 100 %

1 Tsd. ≙ 100 % : 617

395 Tsd. ≙ 100 % : 617 · 395 ≈ 64 %

Oder:

$p = \frac{P \cdot 100}{G}$

$p\,\% = \frac{395 \cdot 100}{617}\,\%$

$p\,\% \approx 64\,\%$

Die Zahl der Touristen ist um **100 % − 64 %** = 36 % gesunken.

b) 100 % ≙ 395 Tsd.

1 % ≙ 395 Tsd. : 100 = 3,95 Tsd.

64 % ≙ 3,95 Tsd. · 64 ≈ 253 Tsd.

Oder:

$P = \frac{G \cdot p}{100}$

$P = \frac{395 \cdot 64}{100}$ Tsd.

$P \approx 253$ Tsd.

Im Jahr 2006 hätten dann 253 000 Besucher die Malediven besucht.

c) An Weihnachten im Jahr 2004 wurden die Malediven von einer sehr großen Tsunami-Welle überschwemmt. Viele Gebäude (auch Hotels) wurden zerstört und konnten erst im Verlauf des Jahres 2005 wieder aufgebaut werden. Daher reisten 2005 nicht so viele Touristen auf die Inseln wie in den Jahren davor und danach.

58 Der Preis des Vorführwagens entspricht 100 % − 27 % = **73 %** des Listenpreises.

73 % ≙ 22 630 €

1 % ≙ 22 630 € : 73 = 310 €

100 % ≙ 310 € · 100 = 31 000 €

Oder:

$$G = \frac{P \cdot 100}{p}$$

$$G = \frac{22\,630 \cdot 100}{73}\ €$$

$$G = 31\,000\ €$$

Der Listenpreis beträgt 31 000 €.

59 Erster Verkaufspreis:

$100\ \% \mathrel{\hat{=}} 2\,100\ €$

$1\ \% \mathrel{\hat{=}} 2\,100\ € : 100 = 21\ €$

86 % $\mathrel{\hat{=}} 21\ € \cdot 86 = 1\,806\ €$

Zweiter Verkaufspreis:

$100\ \% \mathrel{\hat{=}} 1\,806\ €$

$1\ \% \mathrel{\hat{=}} 1\,806\ € : 100 = 18{,}06\ €$

112 % $\mathrel{\hat{=}} 18{,}06\ € \cdot 112 = 2\,022{,}72\ €$

Oder:

$$P_1 = \frac{G \cdot p}{100}$$

$$P_1 = \frac{2\,100 \cdot \mathbf{86}}{100}\ €$$

$$P_1 = 1\,806\ €$$

$$P_2 = \frac{G \cdot p}{100}$$

$$P_2 = \frac{1\,806 \cdot \mathbf{112}}{100}\ €$$

$$P_2 = 2\,022{,}72\ €$$

Die Anlage ist nun um **2 100 € – 2 022,72 €** $= 77{,}28\ €$ günstiger als am Anfang.

60 1 % Steigung heißt, dass eine Strecke von 100 m um 1 m steigt.

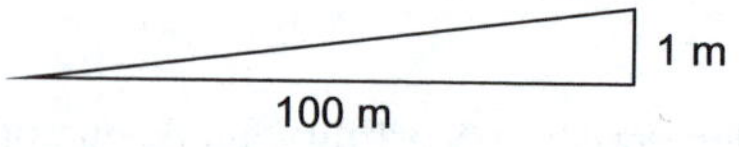

(Skizze ohne Maßstab)

$13\,000\ \text{m} \mathrel{\hat{=}} 100\ \%$

$1\ \text{m} \mathrel{\hat{=}} 100\ \% : 13\,000$

$1\,400\ \text{m} \mathrel{\hat{=}} 100\ \% : 13\,000 \cdot 1\,400 \approx 10{,}8\ \%$

Oder:

$p = \frac{P \cdot 100}{G}$

$p\,\% = \frac{1\,400 \cdot 100}{13\,000}\,\%$

$p\,\% \approx 10{,}8\,\%$

Die durchschnittliche Steigung beträgt 10,8 %,

61 a) Anzahl der Wahlberechtigten, die zur Wahl gingen:

$P = \frac{G \cdot p}{100}$

$P = \frac{7\,800 \cdot 55}{100}$ Wahlberechtigte

$P = 4\,290$ Wahlberechtigte

4 290 Personen gingen zur Wahl, **davon** stimmten 60 % für Bewerber A:

$100\,\% \mathrel{\hat{=}} 4\,290$ Wahlberechtigte

$1\,\% \mathrel{\hat{=}} 4\,290$ Wahlberechtigte $: 100 = 42{,}9$ Wahlberechtigte

$60\,\% \mathrel{\hat{=}} 42{,}9$ Wahlberechtigte $\cdot\, 60 = 2\,574$ Wahlberechtigte

Für Bewerber A stimmten 2 574 Personen.

b) 7 800 Wahlberechtigte $\mathrel{\hat{=}} 100\,\%$

1 Wahlberechtigte $\mathrel{\hat{=}} 100\,\% : 7\,800$

2 574 Wahlberechtigte $\mathrel{\hat{=}} 100\,\% : 7\,800 \cdot 2\,574 = 33\,\%$

Oder:

$p = \frac{P \cdot 100}{G}$

$p\,\% = \frac{2\,574 \cdot 100}{7\,800}\,\%$

$p\,\% = 33\,\%$

Das sind 33 %.

62 Weibliche Bewohner der Stadt:

$25\,\% \mathrel{\hat{=}} 1157$ Frauen

$100\,\% \mathrel{\hat{=}} 1157$ Frauen $\cdot\, 4 = 4\,628$ Frauen

Bewohner insgesamt:

$52\ \% \triangleq 4\,628$ Bewohner

$1\ \% \triangleq 4\,628$ Bewohner $: 52 = 89$ Bewohner

$100\ \% \triangleq 89$ Bewohner $\cdot 100 = 8\,900$ Bewohner

Oder:

$$G = \frac{P \cdot 100}{p}$$

$$G = \frac{4\,628 \cdot 100}{52}\ \text{Bewohner}$$

$G = 8\,900$ Bewohner

In der Stadt leben 8 900 Menschen.

63 a) Anzahl der Fortzüge in die genannten Staaten:
$18\,242 + 13\,245 + 10\,299 + 9\,309 + 9\,191 + 8\,136 + 7\,507 = 75\,929$

Anzahl der Fortzüge in nicht genannte Staaten:
$155\,290 - 75\,929 = 79\,361$

$155\,290$ Fortzüge $\triangleq 100\ \%$

1 Fortzug $\triangleq 100\ \% : 155\,290$

$79\,361$ Fortzüge $\triangleq 100\ \% : 155\,290 \cdot 79\,361 \approx 51{,}1\ \%$

Oder:

$$p = \frac{P \cdot 100}{G}$$

$$p\ \% = \frac{79\,361 \cdot 100}{155\,290}\ \%$$

$p\ \% \approx 51{,}1\ \%$

51,1 % der Fortzüge gingen nicht in die genannten Staaten.

b) $155\,290$ Personen $\triangleq 100\ \%$

1 Person $\triangleq 100\ \% : 155\,290$

$124\,566$ Personen $\triangleq 100\ \% : 155\,290 \cdot 124\,566 \approx 80{,}2\ \%$

Oder:

$$p = \frac{P \cdot 100}{G}$$

$$p\ \% = \frac{124\,566 \cdot 100}{155\,290}\ \%$$

$p\ \% \approx 80{,}2\ \%$

Es wanderten **$100\ \% - 80{,}2\ \%$** $= 19{,}8\ \%$ weniger Menschen ein als aus.

c) $124\,566 \text{ Personen} \mathrel{\hat{=}} 100\,\%$

$1 \text{ Person} \mathrel{\hat{=}} 100\,\% : 124\,566$

$113\,030 \text{ Personen} \mathrel{\hat{=}} 100\,\% : 124\,566 \cdot 113\,030 \approx 90{,}7\,\%$

Oder:

$$p = \frac{P \cdot 100}{G}$$

$$p\,\% = \frac{113\,070 \cdot 100}{124\,566}\,\%$$

$$p\,\% \approx 90{,}7\,\%$$

Die Zahl der Einbürgerungen ging um **$100\,\% - 90{,}7\,\%$** $= 9{,}3\,\%$ zurück.

64 a) Gemeinschaftliche Steuern 2006 (in Mio. €):
$122\,612 + 17\,566 + 19\,537 + 22\,898 + 146\,688 = 329\,301$

Gemeinschaftliche Steuern 2007 (in Mio. €):
$131\,773 + 25\,027 + 24\,969 + 22\,929 + 169\,636 = 374\,334$

Prozentuales Wachstum:

$329\,301\text{ €} \mathrel{\hat{=}} 100\,\%$

$1\text{ €} \mathrel{\hat{=}} 100\,\% : 329\,301$

$374\,334\text{ €} \mathrel{\hat{=}} 100\,\% : 329\,301 \cdot 374\,334 \approx 113{,}7\,\%$

Reine Bundessteuern 2006 (in Mio. €):
$39\,916 + 14\,387 + 2\,160 + 8\,775 + 6\,273 + 12\,705 + 3\,880 = 88\,096$

Reine Bundessteuern 2007 (in Mio. €):
$38\,955 + 14\,254 + 1\,959 + 10\,331 + 6\,355 + 13\,837 + 3\,983 = 89\,674$

Prozentuales Wachstum:

$$p = \frac{P \cdot 100}{G}$$

$$p\,\% = \frac{89\,674 \cdot 100}{88\,096}\,\%$$

$$p\,\% \approx 101{,}8\,\%$$

Reine Ländersteuern 2006 (in Mio. €):
$27 + 8\,937 + 779 + 3\,763 + 8\,223 = 21\,729$

Reine Ländersteuern 2007 (in Mio. €):
$5 + 8\,898 + 757 + 4\,203 + 8\,973 = 22\,836$

Prozentuales Wachstum:

$21\,729\text{ €} \mathrel{\hat{=}} 100\,\%$

$1\text{ €} \mathrel{\hat{=}} 100\,\% : 21\,729$

$22\,836\text{ €} \mathrel{\hat{=}} 100\,\% : 21\,729 \cdot 22\,836\text{ €} \approx 105{,}1\,\%$

Gemeindesteuern 2006 (in Mio. €):

$38\,369 + 10\,398 + 551 = 49\,318$

Gemeindesteuern 2007 (in Mio. €):

$40\,116 + 10\,713 + 572 = 51\,401$

Prozentuales Wachstum:

$$p = \frac{P \cdot 100}{G}$$

$$p\,\% = \frac{51\,401 \cdot 100}{49\,318}\,\%$$

$$p\,\% \approx 104{,}2\,\%$$

Die gemeinschaftlichen Steuern sind prozentual am meisten gestiegen (um **113,7 % – 100 %** = 13,7 %).
In keinem der 4 Bereiche sind die Steuern gesunken.

b)

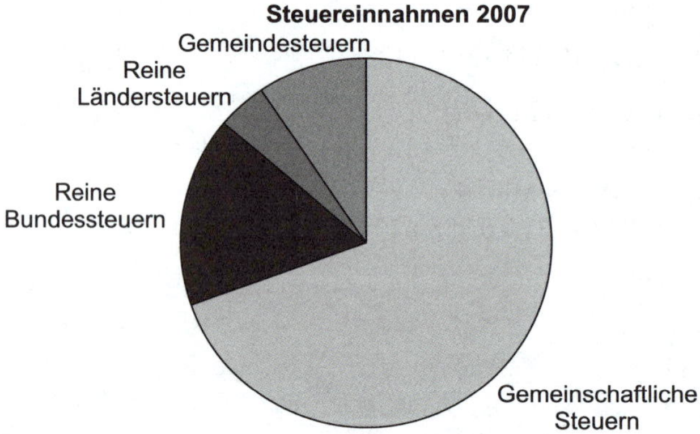

65 Auf das Herz entfielen:

(4 140 – 1 042 – 264 – 131 – 6 – 2 320) Organspenden = 377 Organspenden

$4\,140$ Spenden $\mathrel{\hat{=}} 100\,\%$

1 Spende $\mathrel{\hat{=}} 100\,\% : 4\,140$

377 Spenden $\mathrel{\hat{=}} 100\,\% : 4\,140 \cdot 377 \approx 9{,}1\,\%$

Oder:

$$p = \frac{P \cdot 100}{G}$$

$$p\ \% = \frac{377 \cdot 100}{4\,140}\ \%$$

$$p\ \% \approx 9{,}1\ \%$$

9,1 % der Organspenden entfielen auf das Herz.

Die Aufgaben zur Zinsrechnung können, wie die Aufgaben zur Prozentrechnung, über den **Dreisatz** oder mithilfe der **Formel** gelöst werden. Im Folgenden ist immer nur eine Möglichkeit angegeben.

66

$$100\ \% \triangleq 495\ €$$
$$1\ \% \triangleq 495\ € : 100 = 4{,}95\ €$$
$$3\ \% \triangleq 4{,}95\ € \cdot 3 = 14{,}85\ €$$

67

$$32\,000\ € \triangleq 100\ \%$$
$$1\ € \triangleq 100\ \% : 32\,000$$
$$1\,520\ € \triangleq 100\ \% : 32\,000 \cdot 1\,520 = 4{,}75\ \%$$

68 Frau Klinger muss insgesamt **107,8 %** des Küchenpreises zurückzahlen.

$$100\ \% \triangleq 3\,250\ €$$
$$1\ \% \triangleq 3\,250\ € : 100 = 32{,}50\ €$$
$$107{,}8\ \% \triangleq 32{,}50\ € \cdot 107{,}8 = 3\,503{,}50\ €$$

69 Sparbank:

$$Z = \frac{K \cdot p}{100}$$

$$Z = \frac{25\,000 \cdot 7{,}5}{100}\ €$$

$$Z = 1\,875\ €$$

Kreisbank:

$$Z = \frac{K \cdot p}{100}$$

$$Z = \frac{25\,000 \cdot 7}{100}\ €$$

$$Z = 1\,750\ €$$

Zum Angebot der Kreisbank kommen noch 100 € Bearbeitungsgebühr:

1 750 € + 100 € = 1 850 €

Dennoch ist das Angebot der Kreisbank günstiger als das der Sparbank.

70 Pacht im Jahr: $12 \cdot 400\ € = 4\,800\ €$

$$p = \frac{Z \cdot 100}{K}$$

$$p\ \% = \frac{4\,800 \cdot 100}{64\,000}\ \%$$

$$p\ \% = 7{,}5\ \%$$

71 Zinsen pro Jahr, wenn die **Zinsen abgehoben** werden:

$$Z = \frac{K \cdot p}{100}$$

$$Z = \frac{2\,000 \cdot 5}{100}\ €$$

$$Z = 100\ €$$

In 3 Jahren hat sie $3 \cdot 100\ € = 300\ €$ Zinsen erhalten, also hat sie nach 3 Jahren insgesamt 2 300 €.

Wenn sie die Zinsen **nicht abhebt**, werden nach dem 2. Jahr $2\,000\ € + 100\ € = 2\,100\ €$ verzinst:

$$Z = \frac{2\,100 \cdot 5}{100}\ €$$

$$Z = 105\ €$$

Nach dem 3. Jahr werden $2\,100\ € + 105\ € = 2\,205\ €$ verzinst:

$$Z = \frac{2\,205 \cdot 5}{100}\ €$$

$$Z = 110{,}25\ €$$

Nach 3 Jahren hat Frau Sparsam dann ein Guthaben von $2\,205\ € + 110{,}25\ € = 2\,315{,}25\ €$.
Wenn sie die Zinsen nicht abheben würde, hätte sie also **2 315,25 € – 2 300 €** = 15,25 € mehr.

72

	A	B	C	D
1	Jahr	Guthaben in €	Zinsen in €	Guthaben am Ende des Jahres in €
2	1	9000	360	9360
3	2	9360	374,4	9734,4
4	3	9734,4	389,376	10123,776

Formelansicht:

	A	B	C	D
1	Jahr	Guthaben in €	Zinsen in €	Guthaben am Ende des Jahres in €
2	1	9000	=B2*0,04	=B2+C2
3	2	=D2	=B3*0,04	=B3+C3
4	3	=D3	=B4*0,04	=B4+C4

Für Spalte C gilt:

$$Z = \frac{K \cdot p}{100} = K \cdot \frac{p}{100} = K \cdot \frac{4}{100} = K \cdot 0{,}04$$

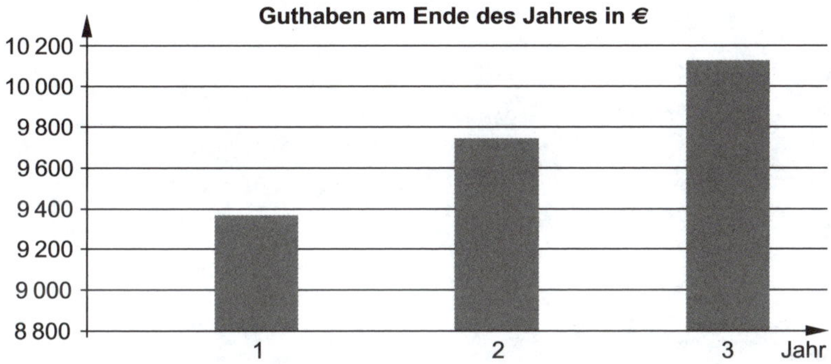

73

	A	B	C	D
1	Jahr	Guthaben in €	Zinsen in €	Guthaben am Ende des Jahres in €
2	1	10000	100	10100
3	2	10100	303	10403
4	3	10403	520,15	10923,15

Formelansicht:

	A	B	C	D
1	Jahr	Guthaben in €	Zinsen in €	Guthaben am Ende des Jahres in €
2	1	10000	=B2*0,01	=B2+C2
3	2	=D2	=B3*0,03	=B3+C3
4	3	=D3	=B4*0,05	=B4+C4

Für Spalte C gilt:

$$Z = \frac{K \cdot p}{100} = K \cdot \frac{p}{100}$$

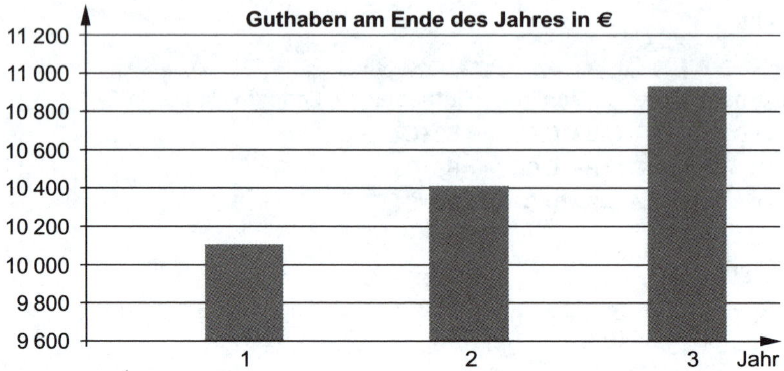

74 $Z = \frac{K \cdot p \cdot t}{100 \cdot 12}$

$Z = \frac{540 \cdot 4 \cdot 11}{100 \cdot 12}$ €

$Z = 19{,}80$ €

75 Jahreszinsen: $64{,}50 \text{ €} \cdot 2 = 129 \text{ €}$

$6\,\% \mathrel{\hat{=}} 129 \text{ €}$

$1\,\% \mathrel{\hat{=}} 129 \text{ €} : 6 = 21{,}50 \text{ €}$

$100\,\% \mathrel{\hat{=}} 21{,}50 \text{ €} \cdot 100 = 2\,150 \text{ €}$

76 Jahreszinsen: $3\,500 \text{ €} \cdot 12 = 42\,000 \text{ €}$

$5\,\% \mathrel{\hat{=}} 42\,000 \text{ €}$

$1\,\% \mathrel{\hat{=}} 42\,000 \text{ €} : 5 = 8\,400 \text{ €}$

$100\,\% \mathrel{\hat{=}} 8\,400 \text{ €} \cdot 100 = 840\,000 \text{ €}$

77 $t = \frac{Z \cdot 100 \cdot 12}{K \cdot p}$

$t = \frac{2\,450 \cdot 100 \cdot 12}{60\,000 \cdot 4{,}9}$ Monate

$t = 10$ Monate

78 Jahreszinsen: $1{,}50\ € \cdot 360 = 540\ €$

$2\,500\ € \mathrel{\hat{=}} 100\ \%$

$1\ € \mathrel{\hat{=}} 100\ \% : 2\,500 = 0{,}04\ \%$

$540\ € \mathrel{\hat{=}} 0{,}04\ \% \cdot 540 = 21{,}6\ \%$

Hinweis: Für einen Tag sind 1,50 € Zinsen zu bezahlen. Die Laufzeit des Darlehens hat mit dem Zinssatz nichts zu tun. Sie besagt nur, dass das Darlehen nach 6 Monaten – mit Zinsen – zurückbezahlt werden muss.

79 Zinsen: $35\ € - 30\ € = 5\ €$

$$p = \frac{Z \cdot 100 \cdot 12}{K \cdot t}$$

$$p\ \% = \frac{5 \cdot 100 \cdot 12}{30 \cdot 2}\ \%$$

$$p\ \% = 100\ \%$$

80 $Z = 16\,062{,}50\ € - 15\,000\ € = 1\,062{,}50\ €$

$$t = \frac{Z \cdot 100 \cdot 360}{K \cdot p}$$

$$t = \frac{1\,062{,}50 \cdot 100 \cdot 360}{15\,000 \cdot 8{,}5}\ \text{Tage}$$

$$t = 300\ \text{Tage}$$

81 Preis beim Ratenkauf: $38{,}24\ € \cdot 24 = 917{,}76\ €$
$Z = 917{,}76\ € - 899\ € = 18{,}76\ €$

$$p = \frac{Z \cdot 100 \cdot 12}{K \cdot t}$$

$$p\ \% = \frac{18{,}76 \cdot 100 \cdot 12}{899 \cdot 24}\ \%$$

$$p\ \% \approx 1\ \%$$

82 Monatszinsen 1. Konto:

$$Z = \frac{K \cdot p \cdot t}{100 \cdot 12}$$

$$Z = \frac{48\,000 \cdot 3 \cdot 1}{100 \cdot 12} \text{ €}$$

$$Z = 120 \text{ €}$$

Monatszinsen 2. Konto:

$$Z = \frac{363\,000 \cdot 4 \cdot 1}{100 \cdot 12} \text{ €}$$

$$Z = 1\,210 \text{ €}$$

Monatszinsen insgesamt:

$120 \text{ €} + 1\,210 \text{ €} = 1\,330 \text{ €}$

83 a) Insgesamt zahlt Familie Gonzales $12 \cdot 967{,}50 \text{ €} = 11\,610 \text{ €}$.
Zu bezahlen sind **108 %** des Preises.

$108\,\% \mathrel{\hat{=}} 11\,610 \text{ €}$

$1\,\% \mathrel{\hat{=}} 11\,610 \text{ €} : 108 = 107{,}50 \text{ €}$

$100\,\% \mathrel{\hat{=}} 107{,}50 \text{ €} \cdot 100 = 10\,750 \text{ €}$

Familie Gonzales hat Auto A gekauft.

b) Auto B:

$100\,\% \mathrel{\hat{=}} 11\,500 \text{ €}$

$1\,\% \mathrel{\hat{=}} 11\,500 \text{ €} : 100 = 115 \text{ €}$

$108\,\% \mathrel{\hat{=}} 115 \text{ €} \cdot 108 = 12\,420 \text{ €}$

$12\,420 \text{ €} : 12 = 1\,035 \text{ €}$

Für Auto B müssten im Monat 1 035 € bezahlt werden.

Auto C:

$100\,\% \mathrel{\hat{=}} 11\,000 \text{ €}$

$1\,\% \mathrel{\hat{=}} 11\,000 \text{ €} : 100 = 110 \text{ €}$

$108\,\% \mathrel{\hat{=}} 110 \text{ €} \cdot 108 = 11\,880 \text{ €}$

$11\,880 \text{ €} : 12 = 990 \text{ €}$

Für Auto C müssten im Monat 990 € bezahlt werden.

84 a)

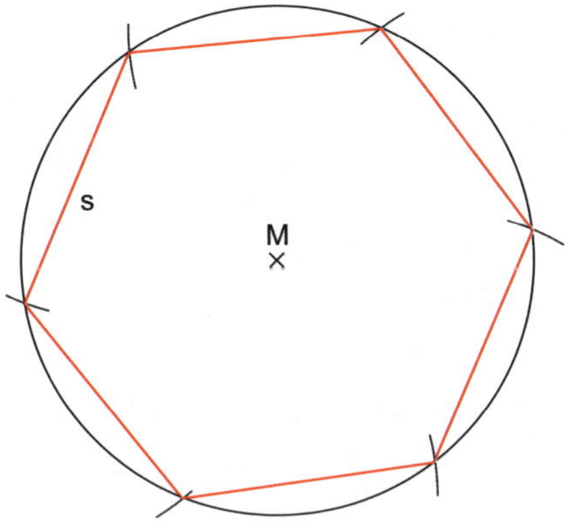

b)

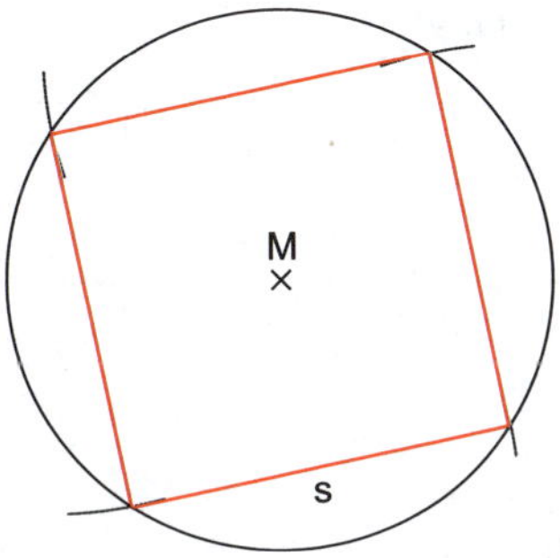

85 Mittelpunktswinkel: $\beta = \frac{360°}{10} = 36°$

Basiswinkel: $\alpha = \frac{180° - 36°}{2} = 72°$

Planfigur des Bestimmungsdreiecks:

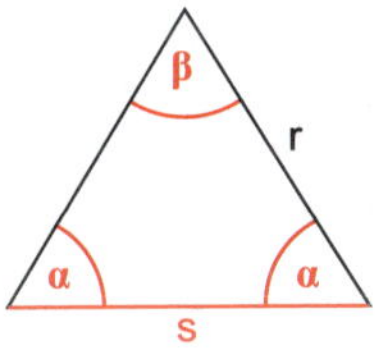

Beschreibung:

- Zeichne das Bestimmungsdreieck nach Winkel-Seite-Winkel (WSW).
- Zeichne den Umkreis um M mit Radius r.
- Trage auf dem Umkreis die Seitenlängen s ab.
- Verbinde die Schnittpunkte zu einem 10-Eck.

Zeichnung:

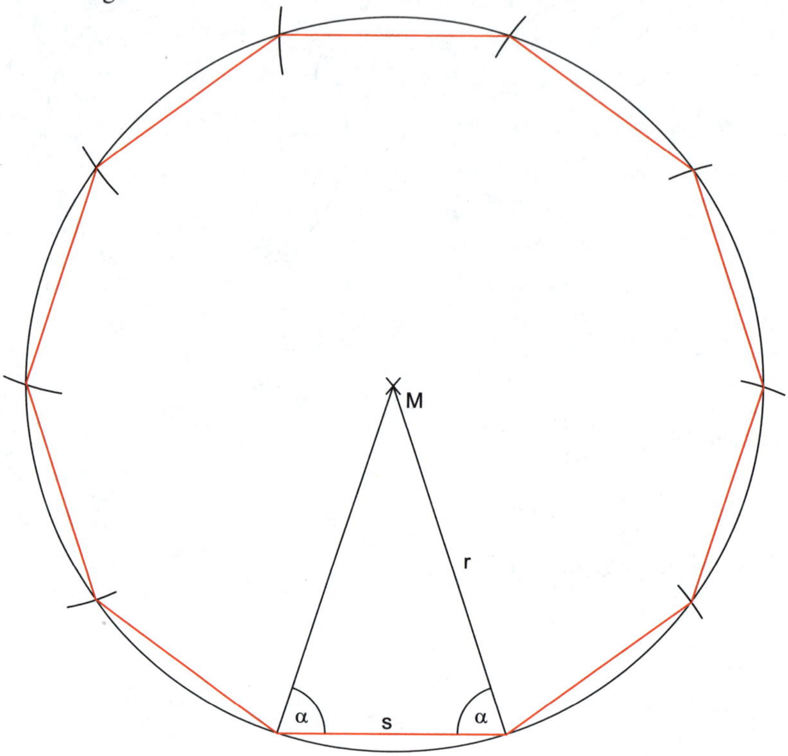

86 Mittelpunktswinkel: $\beta = \frac{360°}{7} \approx 51°$

Basiswinkel: $\alpha = \frac{180° - 51°}{2} = 64{,}5°$

Planfigur des Bestimmungsdreiecks:

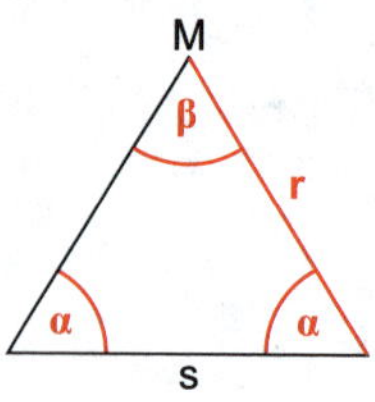

Beschreibung:

- Zeichne einen Kreis um M mit dem Radius r = 3,5 cm.
- Zeichne den Mittelpunktswinkel $\beta = 51°$ bei M ein und zeichne das Bestimmungsdreieck.
- Trage die Seitenlänge s mit dem Zirkel auf dem Umkreis ab.
- Verbinde die Schnittpunkte zu einem 7-Eck.

Zeichnung:

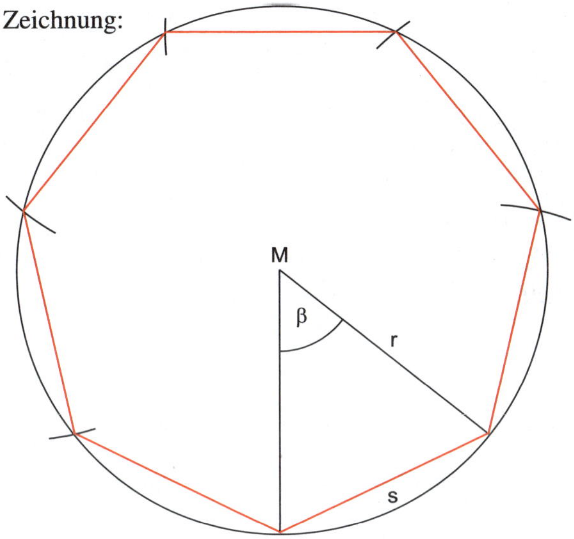

87 a) Das Dreieck kann kein Bestimmungsdreieck sein, da es **nicht gleichschenklig** ist.

b) Das Dreieck könnte das Bestimmungsdreieck eines regelmäßigen 5-Ecks sein, denn es ist gleichschenklig und $\frac{360°}{72°} = 5$.

88 a) $A_{\text{B-Dreieck}} = \frac{s \cdot h_s}{2}$

$A_{\text{B-Dreieck}} = \frac{3 \cdot 2{,}1}{2}\ \text{cm}^2$

$A_{\text{B-Dreieck}} = 3{,}15\ \text{cm}^2$

$A_{\text{5-Eck}} = 5 \cdot 3{,}15\ \text{cm}^2$

$A_{\text{5-Eck}} = 15{,}75\ \text{cm}^2$

$u = 5 \cdot 3\ \text{cm}$

$u = 15\ \text{cm}$

b) $A_{\text{B-Dreieck}} = \frac{2 \cdot 1{,}7}{2}\ \text{cm}^2$

$A_{\text{B-Dreieck}} = 1{,}7\ \text{cm}^2$

$A_{\text{6-Eck}} = 6 \cdot 1{,}7\ \text{cm}^2$

$A_{\text{6-Eck}} = 10{,}2\ \text{cm}^2$

$u = 6 \cdot 2\ \text{cm}$

$u = 12\ \text{cm}$

89 Eine Seite ist $7{,}2\ \text{m} : 8 = 0{,}9\ \text{m} = 90\ \text{cm}$ lang.

90 Mittelpunktswinkel: $\beta = \frac{360^\circ}{6} = 60^\circ$

Basiswinkel: $\alpha = \frac{180^\circ - 60^\circ}{2} = 60^\circ$

$s = 4\ \text{m} = 400\ \text{cm}$

Im Maßstab $1:100$ gilt: $s = 4\ \text{cm}$

$\Rightarrow$ Zeichnung des Bestimmungsdreiecks nach Winkel-Seite-Winkel (WSW)

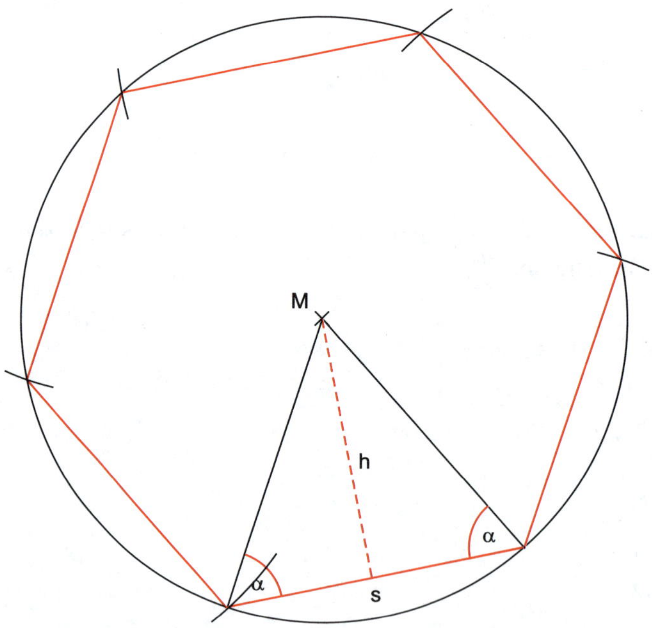

Die Höhe h des Bestimmungsdreiecks beträgt in der Zeichnung etwa 3,5 cm, in der Realität also 3,5 m.

$$A = 6 \cdot \frac{4 \cdot 3{,}5}{2}\ \text{m}^2$$

$$A = 42\ \text{m}^2$$

91 Mittelpunktswinkel: $\beta = \frac{360^\circ}{5} = 72^\circ$

Basiswinkel: $\alpha = \frac{180^\circ - 72^\circ}{2} = 54^\circ$

Maßstab 1 : 1 000 $\Rightarrow$ s = 2,8 cm

$\Rightarrow$ Zeichnung des Bestimmungsdreiecks nach WSW

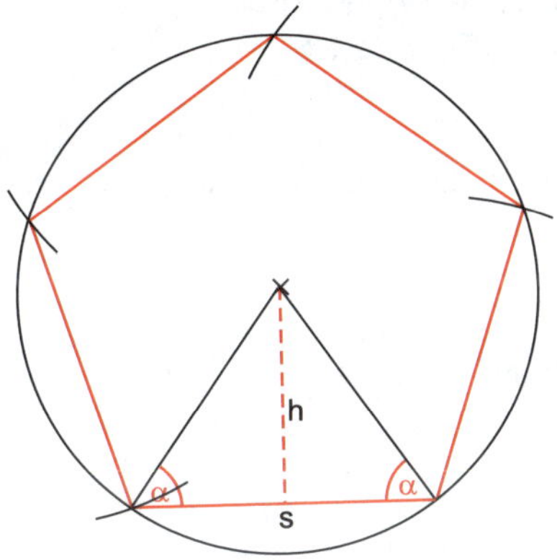

$$u = 5 \cdot 280\ \text{m}$$

$$u = 1\,400\ \text{m}$$

h ist in der Zeichnung etwa 2 cm lang, also in Wirklichkeit 200 m.

$$A = 5 \cdot \frac{280 \cdot 200}{2}\ \text{m}^2$$

$$A = 140\,000\ \text{m}^2$$

92

	Kathete a	Kathete b	Hypotenuse c
a)	1,2 m	1,7 m	**2,1 m**
b)	5,1 m	7,5 m	**9,1 m**
c)	17 cm	**19,7 cm**	26 cm
d)	**11,5 mm**	8 mm	14 mm

a) $c = \sqrt{a^2 + b^2}$
$c = \sqrt{1{,}2^2 + 1{,}7^2}$ m
$c \approx 2{,}1$ m

b) $c = \sqrt{a^2 + b^2}$
$c = \sqrt{5{,}1^2 + 7{,}5^2}$ m
$c \approx 9{,}1$ m

c) $b = \sqrt{c^2 - a^2}$
$b = \sqrt{26^2 - 17^2}$ cm
$b \approx 19{,}7$ cm

d) $a = \sqrt{c^2 - b^2}$
$a = \sqrt{14^2 - 8^2}$ mm
$a \approx 11{,}5$ mm

93 a) t ist die Hypotenuse
$\Rightarrow t^2 = r^2 + s^2$

b) n ist die Hypotenuse
$\Rightarrow n^2 = k^2 + m^2$

c) p ist die Hypotenuse
$\Rightarrow p^2 = a^2 + t^2$

d) z ist die Hypotenuse
$\Rightarrow z^2 = x^2 + y^2$

94 Für das kürzere auszutauschende Stahlseil gilt nach dem Satz des Pythagoras:
Länge des Seils $= \sqrt{20^2 + 16^2}$ m ≈ 26 m

Für das längere Stahlseil gilt:
Länge des Seils $= \sqrt{(20+8)^2 + (16+4)^2}$ m ≈ 34 m

Es sind 26 m + 34 m = 60 m Stahlseil nötig.

95 a) $x = \sqrt{8{,}5^2 + 3{,}8^2}$ cm
$x \approx 9{,}3$ cm

b) $x = \sqrt{(12-4)^2 + 3{,}8^2}$ cm
$x \approx 8{,}9$ cm

96

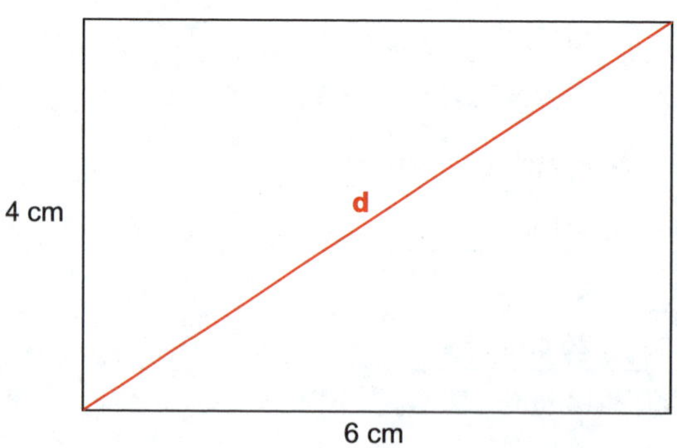

$d = \sqrt{6^2 + 4^2}$ cm
$d \approx 7{,}2$ cm

97 Skizze:

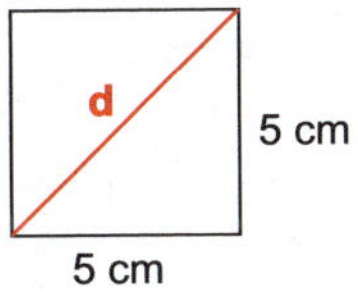

$d = \sqrt{5^2 + 5^2}$ cm
$d \approx 7{,}1$ cm

98 a) $\sqrt{3^2 + 1{,}5^2}$ m $\approx 3{,}4$ m

b) Skizze:

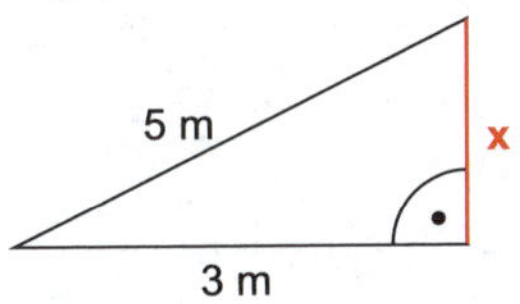

$x = \sqrt{5^2 - 3^2}$ m
$x = 4$ m

Die Rutsche müsste **4 m − 1,5 m** = 2,5 m höher sein.

99

Seite a	Seite b	$d = \sqrt{a^2 + b^2}$
1 cm	11 cm	11,05 cm
2 cm	10 cm	10,20 cm
3 cm	9 cm	9,49 cm
4 cm	8 cm	8,94 cm
5 cm	7 cm	8,60 cm
6 cm	6 cm	8,49 cm

Die Diagonale wird immer kürzer.

100 a) $c = 4{,}5$ cm
$b = 2$ cm
$a = \sqrt{4{,}5^2 + 2^2}$ cm
$a \approx 4{,}9$ cm

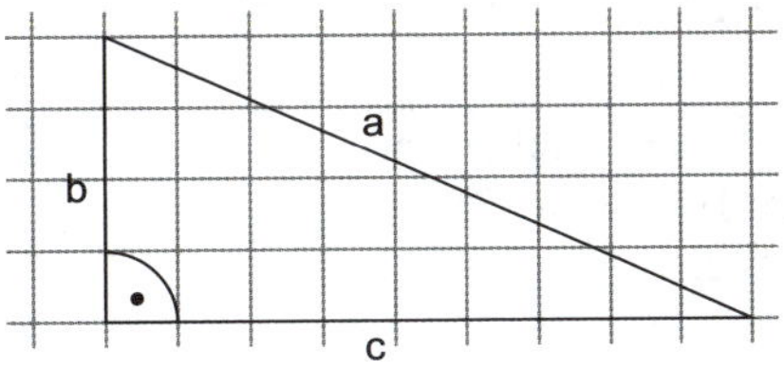

b) $c = 7\text{ cm}$

$a = \sqrt{2^2 + 4{,}5^2}\text{ cm}$

$a \approx 4{,}9\text{ cm}$

$b = \sqrt{2^2 + 2{,}5^2}\text{ cm}$

$b \approx 3{,}2\text{ cm}$

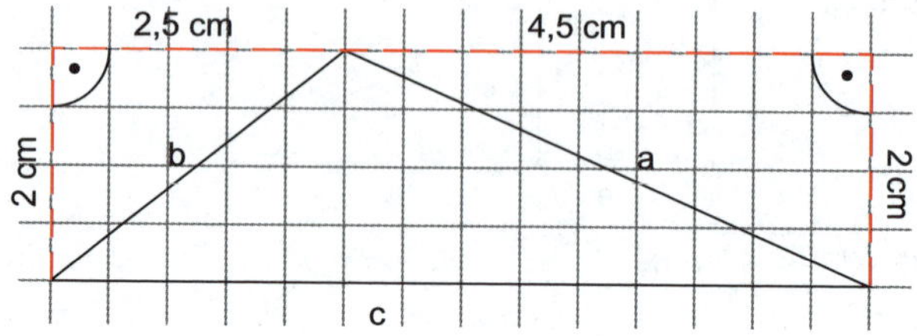

c) $c = 4{,}5\text{ cm}$

$a = \sqrt{0{,}5^2 + 2{,}5^2}\text{ cm}$

$a \approx 2{,}5\text{ cm}$

$b = \sqrt{2{,}5^2 + 4^2}\text{ cm}$

$b \approx 4{,}7\text{ cm}$

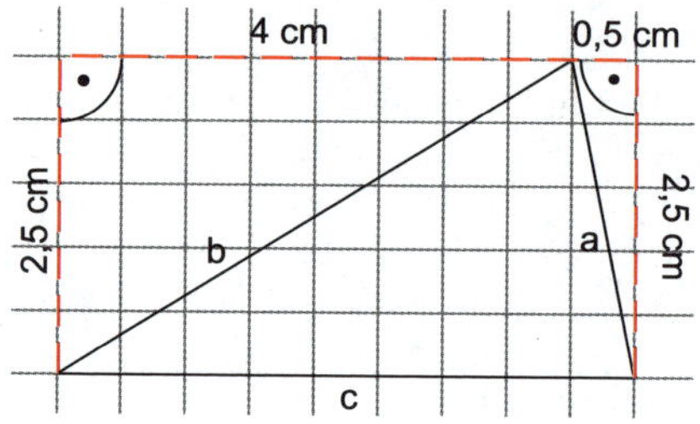

d) $c = 6\text{ cm}$

$a = \sqrt{2^2 + 2{,}5^2}\text{ cm}$

$a \approx 3{,}2\text{ cm}$

$b = \sqrt{4^2 + 2{,}5^2}\text{ cm}$

$b \approx 4{,}7\text{ cm}$

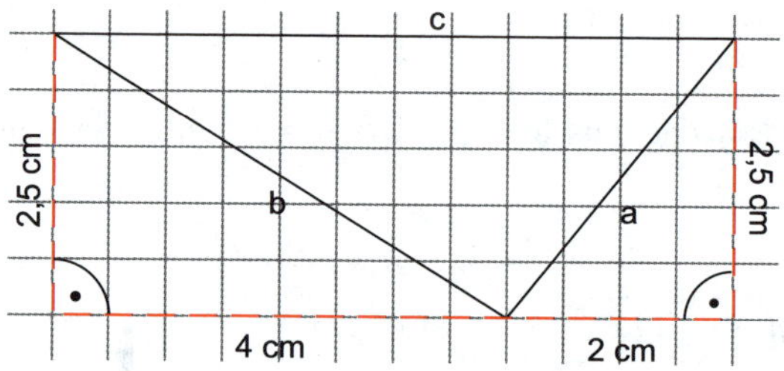

101 a) $h = \sqrt{35^2 - 32^2}\text{ m}$

$h \approx 14{,}2\text{ m}$

b) $b = \sqrt{14{,}2^2 + (\mathbf{28 - 12})^2}\text{ m}$

$b \approx 21{,}4\text{ m}$

102 $h = \sqrt{14^2 - 2{,}5^2}\text{ m}$

$h \approx 13{,}8\text{ m}$

Die Leiter reicht bis zu einer Höhe von 13,8 m.

Skizze:

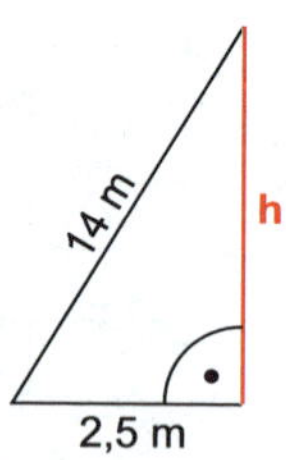

103 Durchmesser d des Kreises:

$d = \sqrt{9^2 - 6^2}$ cm

$d \approx 6{,}7$ cm

Umfang des Halbkreises mit r = 3,35 cm:

$u = \frac{1}{2} \cdot 2 \cdot \pi \cdot r$

$u = \pi \cdot r$

$u = \pi \cdot 3{,}35$ cm

$u \approx 10{,}5$ cm

Umfang der Figur:

9 cm + 6 cm + 10,5 cm = 25,5 cm

104 Skizze:

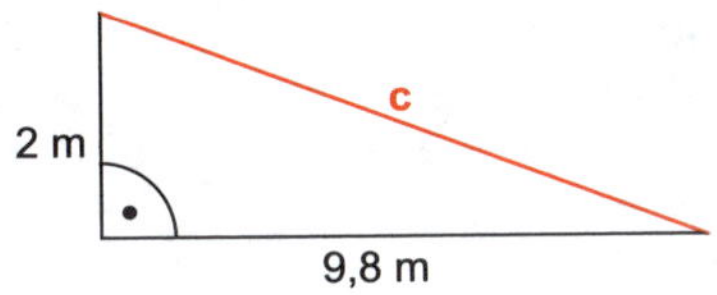

$c = \sqrt{2^2 + 9{,}8^2}$ m

$c \approx 10{,}0$ m

Der Baum war **10 m + 2 m** = 12 m hoch.

105 a) Seitenlänge der Raute:

$a = \sqrt{1^2 + 3^2}$ cm

$a \approx 3{,}2$ cm

$u = 4 \cdot 3{,}2$ cm

$u = 12{,}8$ cm

b) Skizze:

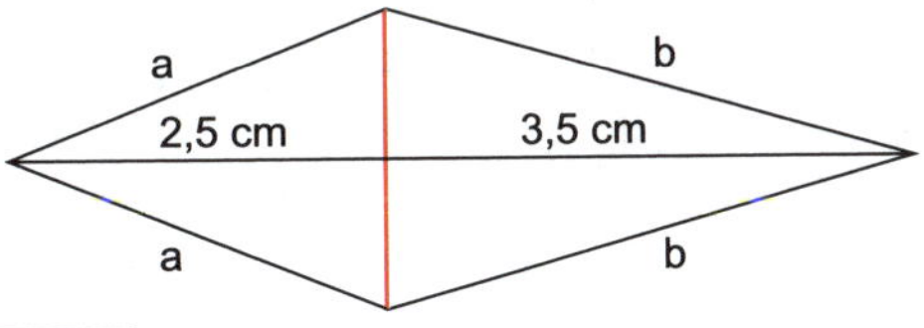

$a = \sqrt{2{,}5^2 + 1^2}$ cm

$a \approx 2{,}7$ cm

$b = \sqrt{3{,}5^2 + 1^2}$ cm

$b \approx 3{,}6$ cm

$u = 2 \cdot 2{,}7$ cm $+ 2 \cdot 3{,}6$ cm

$u = 12{,}6$ cm

Skizze:

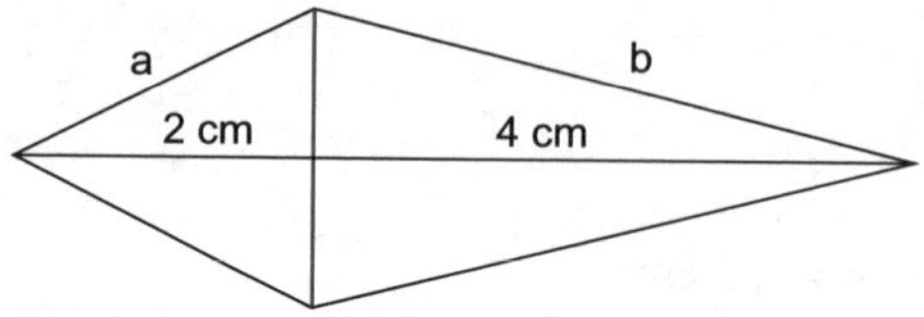

$a = \sqrt{2^2 + 1^2}$ cm

$a \approx 2{,}2$ cm

$b = \sqrt{4^2 + 1^2}$ cm

$b \approx 4{,}1$ cm

$u = 2 \cdot 2{,}2\text{ cm} + 2 \cdot 4{,}1\text{ cm}$

$u = 12{,}6$ cm

Skizze:

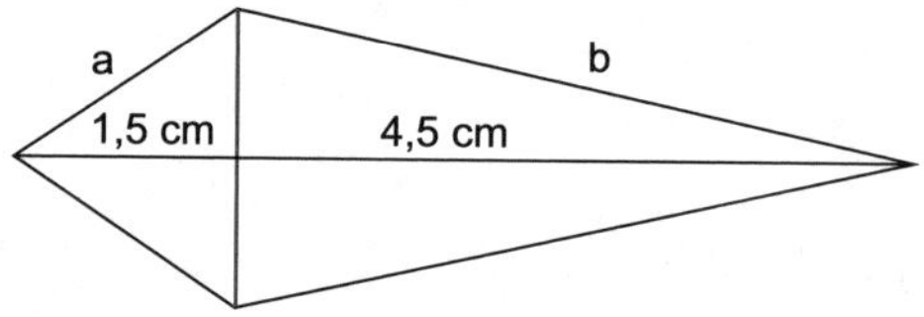

$a = \sqrt{1{,}5^2 + 1^2}$ cm

$a \approx 1{,}8$ cm

$b = \sqrt{4{,}5^2 + 1^2}$ cm

$b \approx 4{,}6$ cm

$u = 2 \cdot 1{,}8\text{ cm} + 2 \cdot 4{,}6\text{ cm}$

$u = 12{,}8$ cm

Der Umfang bleibt gleich.
Die Abweichungen von 0,2 cm sind rundungsbedingt.

c) Bei einem Quadrat sind die beiden Diagonalen gleich lang (also 6 cm).

$a = \sqrt{3^2 + 3^2}$ cm

$a \approx 4{,}2$ cm

$u = 4 \cdot 4{,}2$ cm

$u = 16{,}8$ cm

106 a) Skizze:

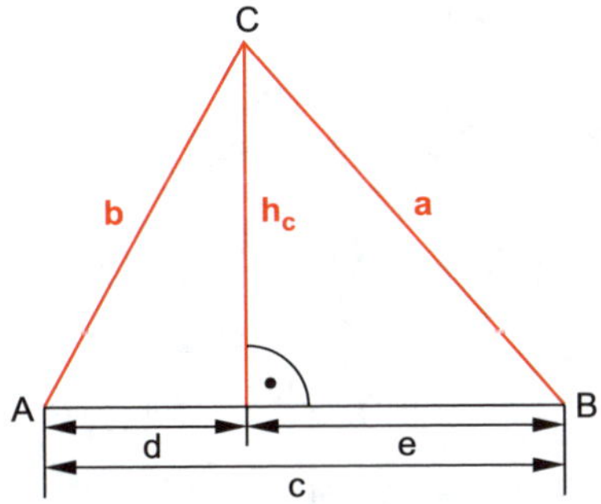

b) $e = \sqrt{a^2 - h_c^2}$

$e = \sqrt{4{,}6^2 - 3^2}$ cm

$e \approx 3{,}5$ cm

$d = \sqrt{b^2 - h_c^2}$

$d = \sqrt{3{,}4^2 - 3^2}$ cm

$d = 1{,}6$ cm

$c = d + e$

$c = 3{,}5\text{ cm} + 1{,}6\text{ cm}$

$c = 5{,}1$ cm

c) Zeichnung nach Seite-Seite-Seite (SSS):

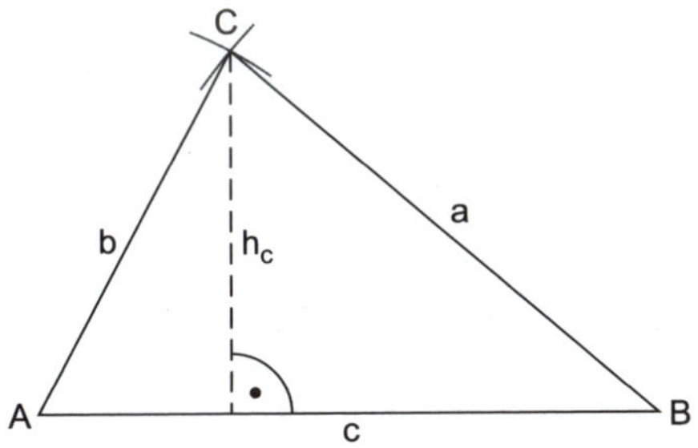

107 a) 5-Eck:

Mittelpunktswinkel: $\beta = \frac{360°}{5} = 72°$

Basiswinkel: $\alpha = \frac{180° - 72°}{2} = 54°$

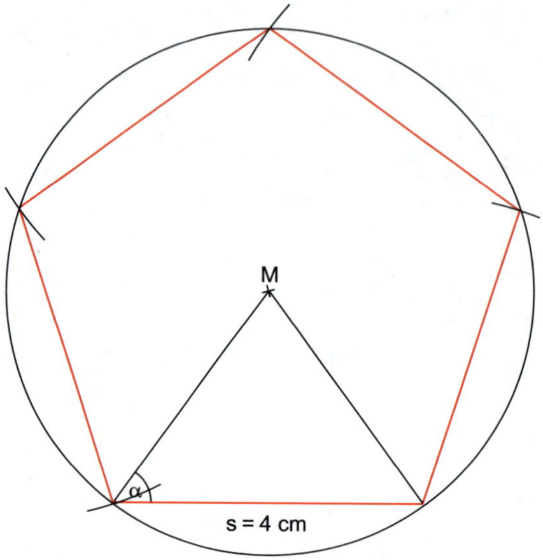

6-Eck:
Mittelpunktswinkel: $\beta = \frac{360°}{6} = 60°$

Basiswinkel: $\alpha = \frac{180° - 60°}{2} = 60°$

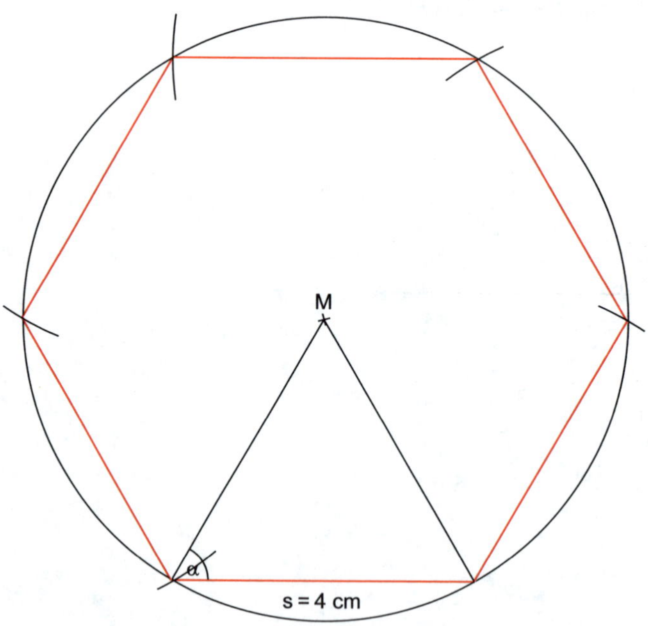

b) Das Bestimmungsdreieck eines regelmäßigen 6-Ecks ist ein gleichseitiges Dreieck, daher halbiert die Höhe die Grundseite.
Skizze:

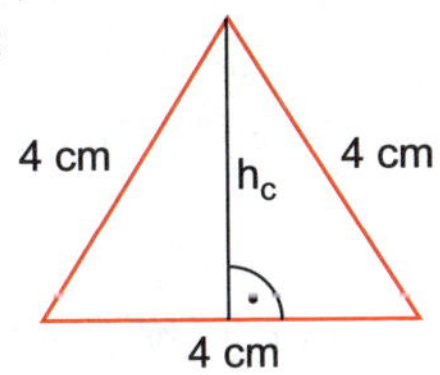

$h_c = \sqrt{4^2 - 2^2}$ cm

$h_c \approx 3{,}5$ cm

$A_{\text{B-Dreieck}} = \frac{g \cdot h}{2}$

$A_{\text{B-Dreieck}} = \frac{4 \cdot 3{,}5}{2}\ \text{cm}^2$

$A_{\text{B-Dreieck}} = 7\ \text{cm}^2$

$A_{\text{6-Eck}} = 6 \cdot 7\ \text{cm}^2$

$A_{\text{6-Eck}} = 42\ \text{cm}^2$

108 Länge einer Quadratdiagonale d_Q:

$d_Q = \sqrt{a^2 + a^2}$

$d_Q = \sqrt{6^2 + 6^2}$ cm

$d_Q \approx 8{,}5$ cm

Für die Raumdiagonale $\overline{EC}$ gilt:

$\overline{EC} = \sqrt{a^2 + d_Q^2}$

$\overline{EC} = \sqrt{6^2 + 8{,}5^2}$ cm

$\overline{EC} \approx 10{,}4$ cm

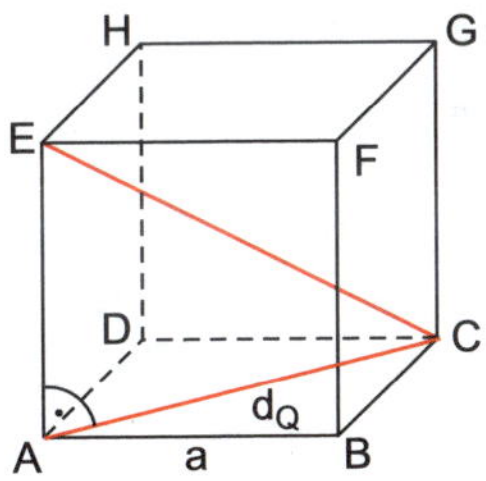

109 Diagonale des Bodenrechtecks d_{BR}:

$d_{BR} = \sqrt{a^2 + b^2}$

$d_{BR} = \sqrt{6^2 + 4^2}$ cm

$d_{BR} \approx 7{,}2$ cm

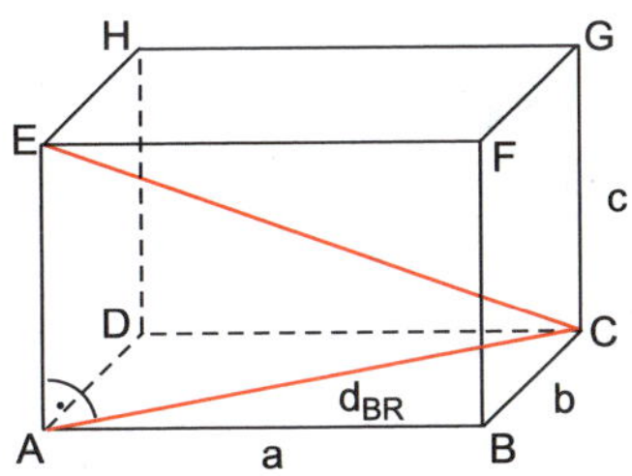

Für die Raumdiagonale $\overline{EC}$ gilt:

$$\overline{EC} = \sqrt{c^2 + d_{BR}^2}$$

$$\overline{EC} = \sqrt{3^2 + 7{,}2^2}\ \text{cm}$$

$$\overline{EC} = 7{,}8\ \text{cm}$$

Anhand der folgenden Aufgaben kannst du auch noch einmal üben, mit **Bruchgleichungen** zu rechnen. Setze dazu nicht sofort die gegebenen Werte ein, sondern löse zuerst die Formel nach der gesuchten Größe auf.

110 a) $A_D = \frac{c \cdot h_c}{2} \quad | \cdot 2$

$$A \cdot 2 = c \cdot h_c \quad | : h_c$$

$$c = \frac{2A}{h_c}$$

$$c = \frac{2 \cdot 14}{4}\ \text{cm}$$

$$c = 7\ \text{cm}$$

b)

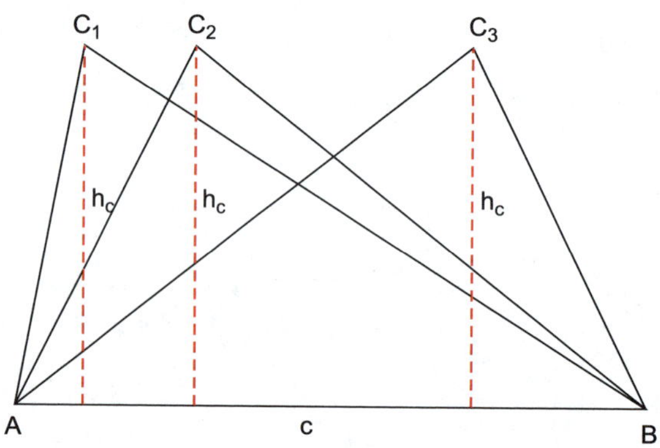

111

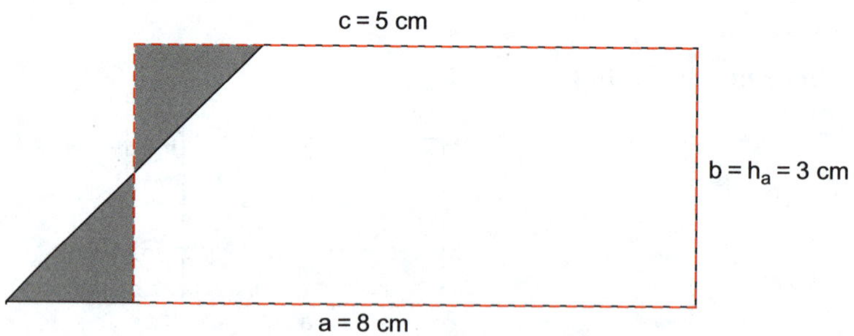

Zeichnerische Lösung: $a_{Rechteck} = 6{,}5\ \text{cm}$

Rechnerische Lösung:

$$A_{Trapez} = \frac{a+c}{2} \cdot h$$

$$A_{Trapez} = \frac{8+5}{2} \cdot 3\ \text{cm}^2$$

$$A_{Trapez} = 19{,}5\ \text{cm}^2$$

$$A_{Rechteck} = a \cdot b \qquad |:b$$

$$a = \frac{A_{Rechteck}}{b}$$

$$a = \frac{19{,}5}{3}\ \text{cm}$$

$$a = 6{,}5\ \text{cm}$$

112

$$A = \frac{a+c}{2} \cdot h \qquad |\cdot 2$$

$$A \cdot 2 = (a+c) \cdot h \qquad |:h$$

$$\frac{2A}{h} = a+c \qquad |-a$$

$$c = \frac{2A}{h} - a$$

$$c = \frac{2 \cdot 27{,}5}{5}\ \text{m} - 7\ \text{m}$$

$$c = 4\ \text{m}$$

Seite c muss 4 m lang sein.

113 a)

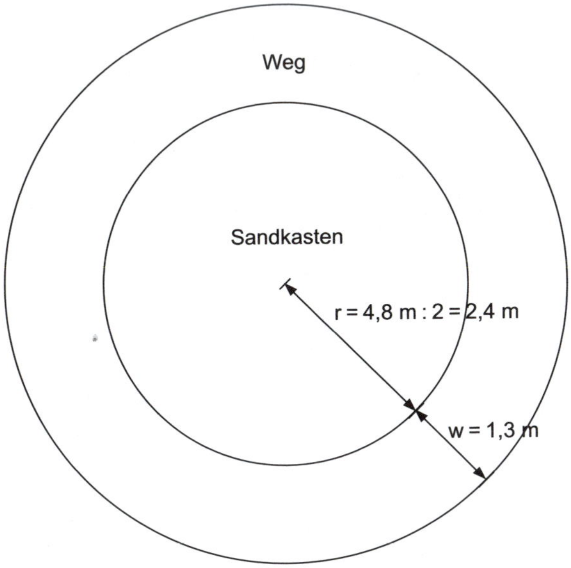

b) $A_{Sand} = \pi \cdot r^2$
$A_{Sand} = \pi \cdot 2{,}4^2\ m^2$
$A_{Sand} \approx 18{,}1\ m^2$

c) Flächeninhalt des Wegs:
$A = A_{Kreis} - A_{Sand}$
$A = \pi \cdot (\mathbf{1{,}3\ m + 2{,}4\ m})^2 - 18{,}1\ m^2$
$A = \pi \cdot 3{,}7^2\ m^2 - 18{,}1\ m^2$
$A \approx 24{,}9\ m^2$

Es werden $24{,}9 \cdot 8$ Holzpflaster ≈ 200 Holzpflaster benötigt.

Preis:
$200 \cdot 12{,}99\ € = 2\,589\ €$

114 a) Grundfläche:
$G = a \cdot b$
$G = 8 \cdot 14\ cm^2$
$G = 112\ cm^2$

Dreiecksflächen:
$$A_D = \frac{a \cdot a}{2}$$
$$A_D = \frac{8 \cdot 8}{2}\ cm^2$$
$A_D = 32\ cm^2$

Trapezflächen:
$$A_{Tr} = \frac{b + c}{2} \cdot a$$
$$A_{Tr} = \frac{14 + 6}{2} \cdot 8\ cm^2$$
$A_{Tr} = 80\ cm^2$

Gesamtfläche:
$A = 112\ cm^2 + 2 \cdot 32\ cm^2 + 2 \cdot 80\ cm^2$
$A = 336\ cm^2$

b) Skizze:

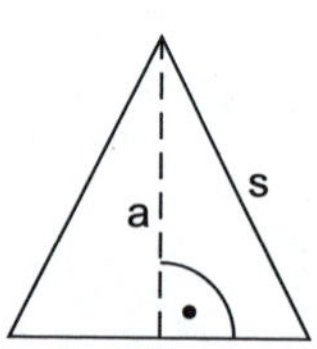

$$s = \sqrt{a^2 + \left(\frac{a}{2}\right)^2}$$

$$s = \sqrt{8^2 + 4^2}\ \text{cm}$$

$$s \approx 8{,}9\ \text{cm}$$

Kantenlänge:

$2 \cdot a + 2 \cdot b + c + 4 \cdot s = 2 \cdot 8\ \text{cm} + 2 \cdot 14\ \text{cm} + 6\ \text{cm} + 4 \cdot 8{,}9\ \text{cm} = 85{,}6\ \text{cm}$

115 Fläche eines Parallelogramms:

$$A = a \cdot h$$

$$A = 35 \cdot 10\ \text{cm}^2$$

$$A = 350\ \text{cm}^2$$

Fläche der 12 Parallelogramme:

$$A_{ges} = 12 \cdot 350\ \text{cm}^2$$

$$A_{ges} = 4\,200\ \text{cm}^2$$

$$A_{ges} = 0{,}42\ \text{m}^2$$

Eine Dose Lack reicht.

116 a) Flächeninhalt:

Fläche I: Trapez

$$A_I = \frac{a+c}{2} \cdot h$$

$$A_I = \frac{6+3}{2} \cdot 3\ \text{cm}^2$$

$$A_I = 13{,}5\ \text{cm}^2$$

Fläche II: Trapez

$$A_{II} = \frac{21+12}{2} \cdot 12\ \text{cm}^2$$

$$A_{II} = 198\ \text{cm}^2$$

Fläche III: Halbkreis

$$A_{III} = \frac{1}{2} \cdot \pi \cdot r^2$$

$$A_{III} = \frac{1}{2} \cdot \pi \cdot 3^2\ \text{cm}^2$$

$$A_{III} \approx 14{,}14\ \text{cm}^2$$

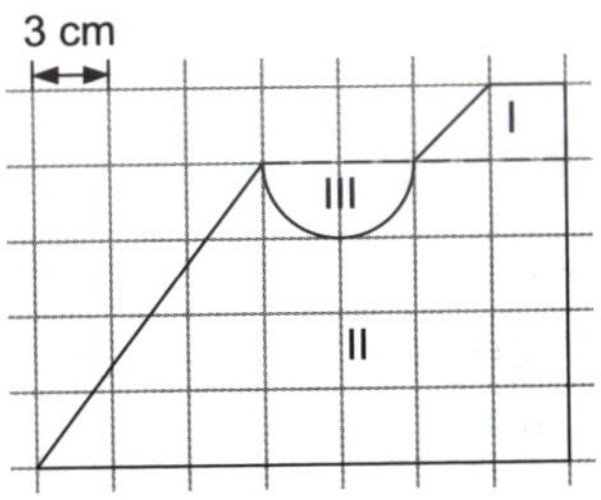

Gesamtfläche:

$A_{ges} = A_I + A_{II} - A_{III}$

$A_{ges} = 13,5\ cm^2 + 198\ cm^2 - 14,14\ cm^2$

$A_{ges} = 197,36\ cm^2$

Umfang:

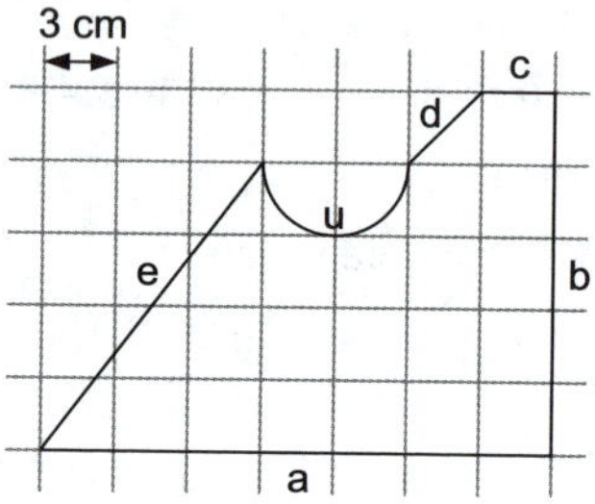

$d = \sqrt{3^2 + 3^2}\ cm$

$d \approx 4,24\ cm$

$e = \sqrt{9^2 + 12^2}\ cm$

$e = 15\ cm$

$u = \frac{1}{2} \cdot 2 \cdot \pi \cdot r$

$u = \pi \cdot 3\ cm$

$u \approx 9,42\ cm$

$u_{ges} = a + b + c + d + u + e$

$u_{ges} = 21\ cm + 15\ cm + 3\ cm + 4,24\ cm + 9,42\ cm + 15\ cm$

$u_{ges} = 67,66\ cm$

b) Flächeninhalt:

Fläche I: Dreieck

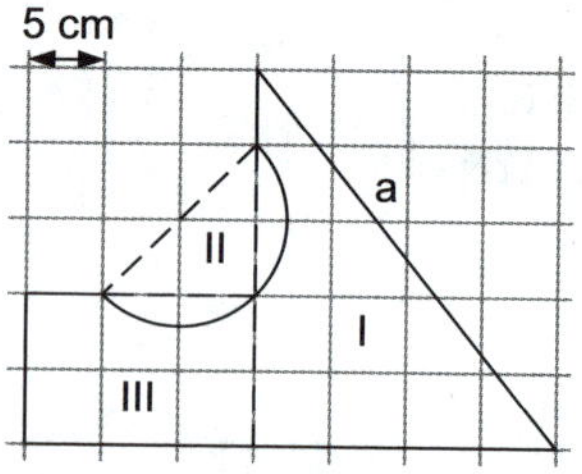

$A_I = \frac{g \cdot h}{2}$

$A_I = \frac{20 \cdot 25}{2}\ cm^2$

$A_I = 250\ cm^2$

Fläche II: Dreieck

$A_{II} = \frac{10 \cdot 10}{2}\ cm^2$

$A_{II} = 50\ cm^2$

Fläche III: Rechteck

$A_{III} = a \cdot b$

$A_{III} = 15 \cdot 10\ cm$

$A_{III} = 150\ cm^2$

Radius des Halbkreises:

$r = \sqrt{5^2 + 5^2}\ cm$

$r \approx 7,07\ cm$

Fläche des Halbkreises:

$A_{HK} = 0,5 \cdot \pi \cdot 7,07^2 \text{ cm}^2$

$A_{HK} \approx 78,52 \text{ cm}^2$

Gesamtfläche:

$A_{ges} = A_I + A_{II} + A_{III} - A_{HK}$

$A_{ges} = 250 \text{ cm}^2 + 50 \text{ cm}^2 + 150 \text{ cm}^2 - 78,52 \text{ cm}^2$

$A_{ges} = 371,48 \text{ cm}^2$

Umfang:

$a = \sqrt{20^2 + 25^2} \text{ cm}$

$a \approx 32,02 \text{ cm}$

Halbkreis:

$u = \frac{1}{2} \cdot 2 \cdot \pi \cdot r$

$u = \pi \cdot 7,07 \text{ cm}$

$u \approx 22,21 \text{ cm}$

$u_{ges} = 35 \text{ cm} + 32,02 \text{ cm} + 5 \text{ cm} + 22,21 \text{ cm} + 5 \text{ cm} + 10 \text{ cm}$

$u_{ges} = 109,23 \text{ cm}$

117 $A_{groß} = \pi \cdot r^2$

$A_{groß} = \pi \cdot 6^2 \text{ cm}^2$

$A_{groß} \approx 113,1 \text{ cm}^2$

$A_{klein} = 9 \cdot \pi \cdot r^2$

$A_{klein} = 9 \cdot \pi \cdot 2^2 \text{ cm}^2$

$A_{klein} \approx 113,1 \text{ cm}^2$

a) Die Flächen sind gleich groß.
Die beiden Quadrate, in denen die Kreise eingezeichnet sind, sind gleich groß. Wenn man den Radius eines Kreises verdreifacht, dann verneunfacht sich der Flächeninhalt.

b) $u_{groß} = 2 \cdot \pi \cdot r$

$u_{groß} = 2 \cdot \pi \cdot 6 \text{ cm}$

$u_{groß} \approx 37,7 \text{ cm}$

$u_{klein} = 9 \cdot 2 \cdot \pi \cdot r$

$u_{klein} = 9 \cdot 2 \cdot \pi \cdot 2 \text{ cm}$

$u_{klein} \approx 113,1 \text{ cm}^2$

Der gesamte Umfang der kleinen Kreise ist 3-mal größer als der des großen Kreises.

Anhand der folgenden Aufgaben kannst du auch noch einmal üben, mit **Bruchgleichungen** zu rechnen. Setze dazu nicht sofort die gegebenen Werte ein, sondern löse zuerst die Formel nach der gesuchten Größe auf.

118 $V = a \cdot b \cdot c \qquad |:a \quad |:b$

$$c = \frac{V}{a \cdot b}$$

$$c = \frac{60}{5 \cdot 4}\,\text{cm}$$

$$c = 3\,\text{cm}$$

Der Quader ist 3 cm hoch.

119 Eine Würfelfläche hat $294\,\text{m}^2 : 6 = 49\,\text{m}^2$.

Die Kantenlänge beträgt $a = \sqrt{49}\,\text{m} = 7\,\text{m}$.

Das Volumen ist $7^3\,\text{m}^3 = 343\,\text{m}^3$.

120 C gehört zwischen A und B.

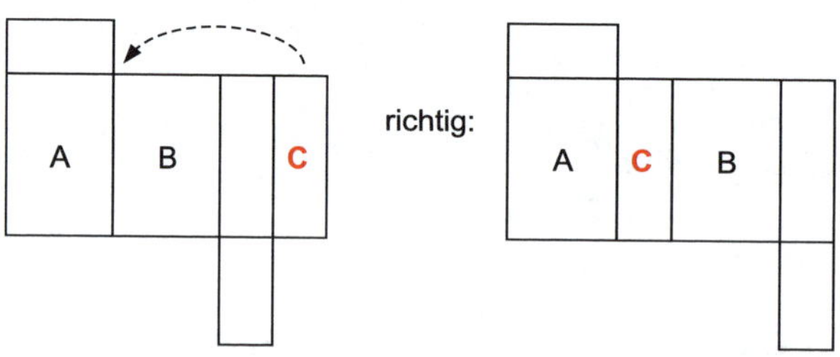

121 $V = G \cdot h \qquad |:h$

$$G = \frac{V}{h}$$

$$G = \frac{1\,017{,}876}{9}\,\text{cm}^2$$

$$G \approx 113{,}1\,\text{cm}^2$$

122 Maximaler Radius der Grundfläche: $r = 32\text{ cm} : 2 = 16\text{ cm}$
Höhe der Torte: $h = c = 12\text{ cm}$

$V = \pi \cdot r^2 \cdot h$
$V = \pi \cdot 16^2 \cdot 12\text{ cm}^3$
$V \approx 9\,651\text{ cm}^3$

Die Torte hat ein maximales Volumen von $9\,651\text{ cm}^3$.

123 Radius des Zylinders: $r = 5\text{ cm}$
Höhe: $h = 10\text{ cm}$
Volumen:
$V = \pi \cdot r^2 \cdot h$
$V = \pi \cdot 5^2 \cdot 10\text{ cm}^3$
$V \approx 785\text{ cm}^3$

Volumen der Verpackung:
$10 \cdot 10 \cdot 10\text{ cm}^3 = 1\,000\text{ cm}^3$

$$p = \frac{P \cdot 100}{G}$$

$$p\,\% = \frac{785\text{ cm}^3 \cdot 100}{1\,000\text{ cm}^3}\,\%$$

$p\,\% = 78{,}5\,\%$
Die Dose füllt 78,5 % der Schachtel.

124

$$d^2 = a^2 + a^2$$
$$5^2 \cdot (\sqrt{2})^2\text{ cm}^2 = 2a^2$$
$$25 \cdot 2\text{ cm}^2 = 2a^2 \quad |:2$$
$$25\text{ cm}^2 = a^2 \quad |\sqrt{\ }$$
$$a = 5\text{ cm}$$

Skizze:

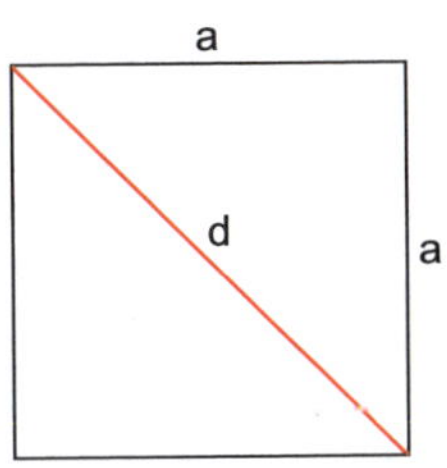

Kantenlänge: $a = 5\text{ cm}$
Volumen: $V = 5^3\text{ cm}^3 = 125\text{ cm}^3$
Seitenfläche: $A = 5^2\text{ cm}^2 = 25\text{ cm}^2$
Oberfläche: $O = 6 \cdot 25\text{ cm}^2 = 150\text{ cm}^2$

125 $d=\sqrt{(2\cdot r)^2+h^2}$

$d=\sqrt{8^2+8^2}$ cm

$d\approx 11{,}3$ cm

Skizze:

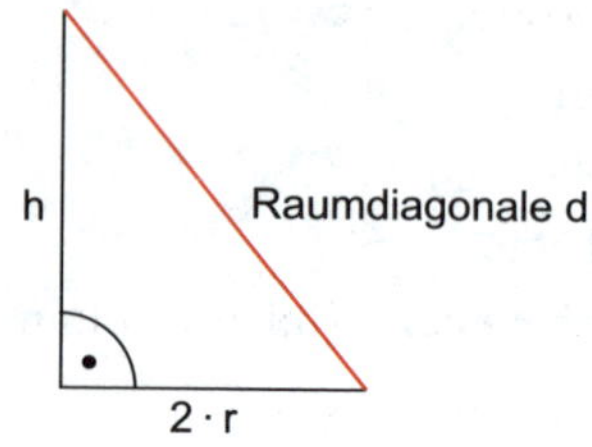

126 Die Würfel haben eine Kantenlänge von 1 cm.

1. Körper:

$O=4\cdot 4\text{ cm}^2+2\cdot 1\text{ cm}^2$

$O=18\text{ cm}^2$

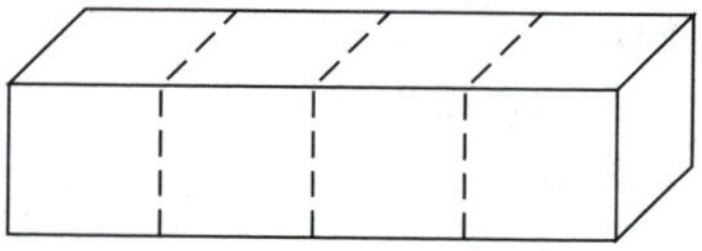

2. Körper:

$O=2\cdot 4\text{ cm}^2+4\cdot 2\text{ cm}^2$

$O=16\text{ cm}^2$

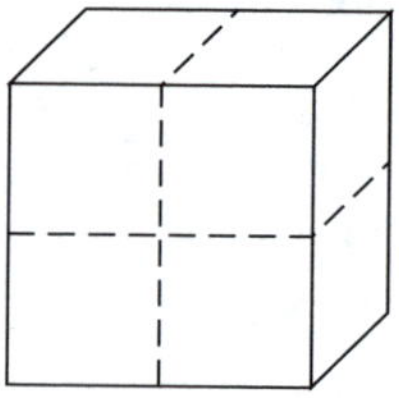

3. Körper:

$O=2\cdot 4\text{ cm}^2+3\text{ cm}^2+1\text{ cm}^2+2\text{ cm}^2$
$\quad+1\text{ cm}^2+1\text{ cm}^2+2\text{ cm}^2$

$O=18\text{ cm}^2$

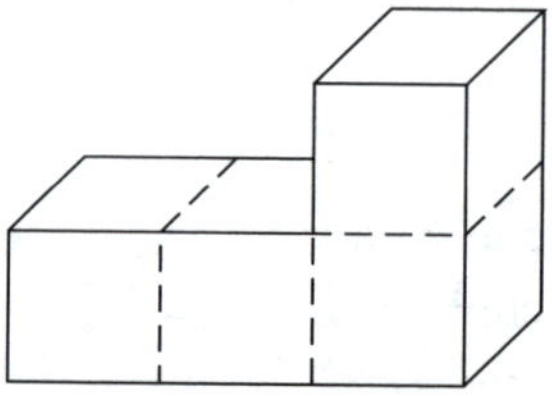

127 Die Grundfläche besteht aus einem Quadrat mit $a=4$ cm und 4 Halbkreisen $=$ 2 Kreisen mit $r=2$ cm.

$A_{Quadrat}=a^2$

$A_{Quadrat}=4^2\text{ cm}^2$

$A_{Quadrat}=16\text{ cm}^2$

$A_{Kreis}=\pi\cdot r^2$

$A_{Kreis}=\pi\cdot 2^2\text{ cm}^2$

$A_{Kreis}\approx 12{,}57\text{ cm}^2$

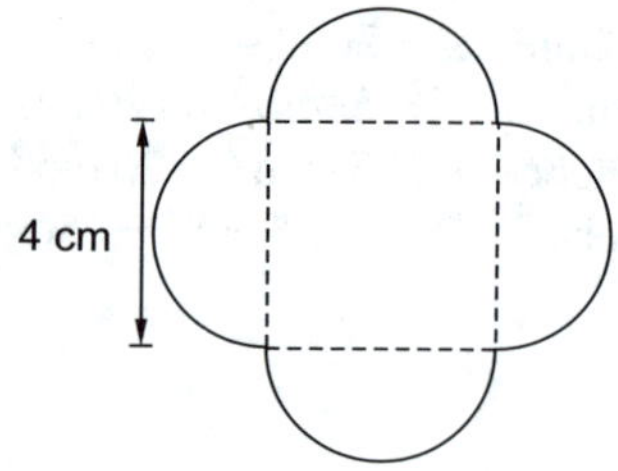

Gesamte Grundfläche:

$G = 16\ cm^2 + 2 \cdot 12,57\ cm^2$

$G = 41,14\ cm^2$

Volumen:

$V = G \cdot h$

$V - 41,14\ cm^2 \cdot 6\ cm$

$V = 246,84\ cm^3$

128 Maßstab $1:5 \Rightarrow$

$a = 4\ cm$

$b = 2\ cm$

$c = 1\ cm$

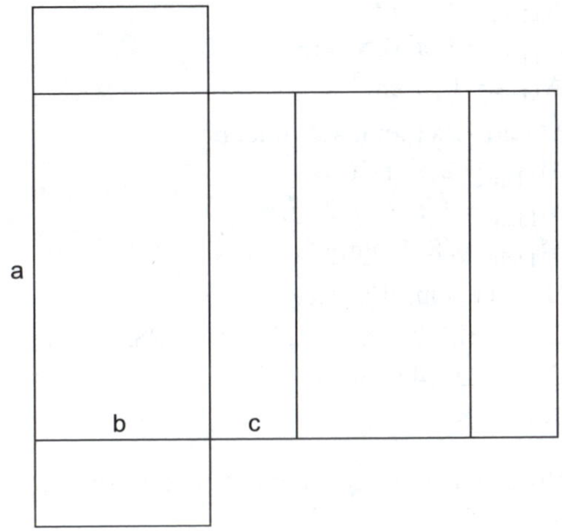

129 Mantel des ganzen Zylinders:

$M = 2 \cdot \pi \cdot r \cdot h$

$M = 2 \cdot \pi \cdot 6 \cdot 3\ cm^2$

$M \approx 113,1\ cm^2$

Deck- und Bodenfläche (= 1 Kreis):

$A = \pi \cdot r^2$

$A = \pi \cdot 6^2\ cm^2$

$A \approx 113,1\ cm^2$

Schnittfläche (= Rechteck):

$A_R = 2 \cdot r \cdot h$

$A_R = 2 \cdot 6 \cdot 3\ cm^2$

$A_R = 36\ cm^2$

Gesamte Oberfläche:

$O = 113,1\ cm^2 : 2 + 113,1\ cm^2 + 36\ cm^2$

$O = 205,65\ cm^2$

Skizze:

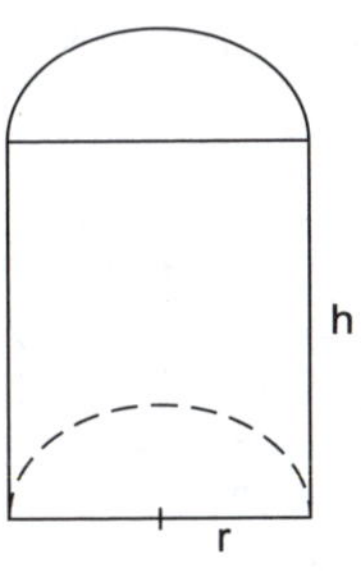

130 Von der Oberfläche des großen Zylinders werden zwei Kreisflächen mit r = 0,5 cm abgezogen. Dazu kommt die Mantelfläche des kleinen Zylinders.

Skizze:

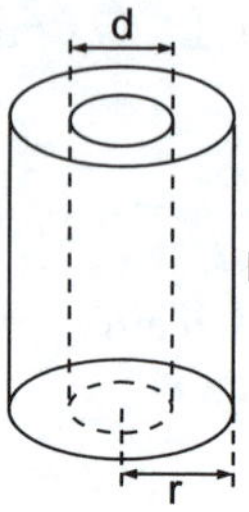

Oberfläche des großen Zylinders:

$O_{groß} = 2 \cdot \pi \cdot r^2 + 2 \cdot \pi \cdot r \cdot h$

$O_{groß} = 2 \cdot \pi \cdot 4^2\ cm^2 + 2 \cdot \pi \cdot 4 \cdot 9\ cm^2$

$O_{groß} \approx 326{,}73\ cm^2$

2 Kreisflächen:

$A_{klein} = 2 \cdot \pi \cdot r^2$

$A_{klein} = 2 \cdot \pi \cdot 0{,}5^2\ cm^2$

$A_{klein} \approx 1{,}57\ cm^2$

Mantel des kleinen Zylinders:

$M_{klein} = 2 \cdot \pi \cdot r \cdot h$

$M_{klein} = 2 \cdot \pi \cdot 0{,}5 \cdot 9\ cm^2$

$M_{klein} \approx 28{,}27\ cm^2$

Gesamte Oberfläche:

$O_{ges} = 326{,}73\ cm^2 - 1{,}57\ cm^2 + 28{,}27\ cm^2$

$O_{ges} = 353{,}43\ cm^2$

131 Volumen eines Zylinders: $V = \pi \cdot r^2 \cdot h$

Wertetabelle für h = 7 cm

r (cm)	1	2	3	4	5
V (cm^3)	22	88	198	352	550

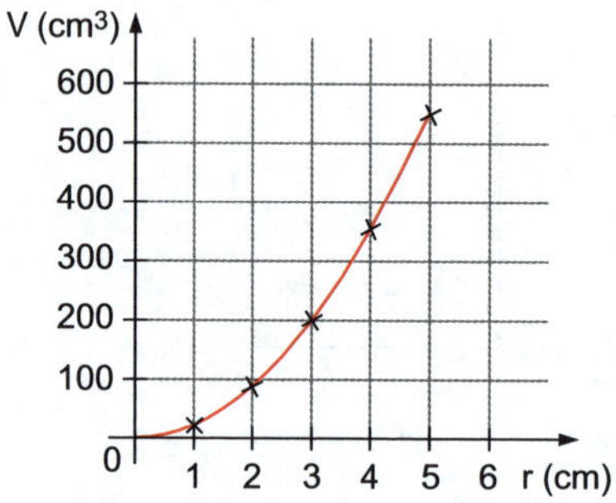

Das Volumen wächst überproportional: Verdoppelt sich der Radius, dann vervierfacht sich das Volumen, verdreifacht sich der Radius dann verneunfacht sich das Volumen usw.

132 Die Fläche b · c ist $\frac{320}{8}$ cm^2 = 40 cm^2 groß.

b (cm)	1	2	3	4	5	6	7	8	9	10
c (cm)	40	20	13,3	10	8	6,7	5,7	5	4,4	4

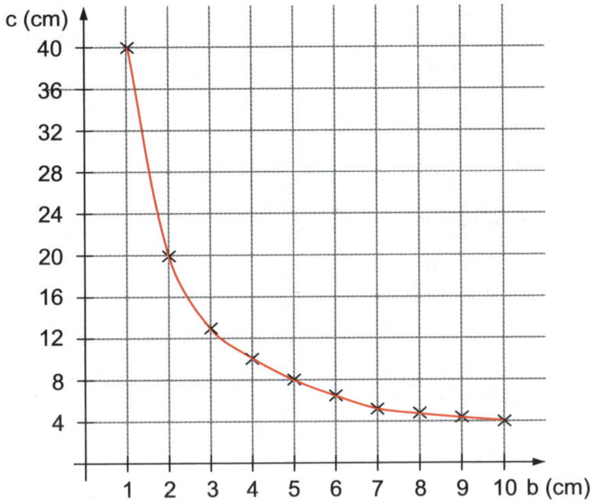

Es handelt sich um eine umgekehrt proportionale Zuordnung. Wenn sich die eine Länge verdoppelt, halbiert sich die andere Länge.

133 Der Körper besteht aus einem Quader und einer Trapezsäule.
Volumen des Quaders:

$V_Q = a \cdot b \cdot c$

$V_Q = 80 \cdot 80 \cdot 20 \text{ mm}^3$

$V_Q = 128\,000 \text{ mm}^3$

Trapezfläche:

$A_T = \frac{a+c}{2} \cdot h$

$A_T = \frac{20+30}{2} \cdot (35-20) \text{ mm}^2$

$A_T = 375 \text{ mm}^2$

Volumen der Trapezsäule:

$V_T = A_T \cdot h$

$V_T = 375 \text{ mm}^2 \cdot 80 \text{ mm}$

$V_T = 30\,000 \text{ mm}^3$

Gesamtvolumen:

$V = 128\,000\ \text{mm}^3 + 30\,000\ \text{mm}^3$

$V = 158\,000\ \text{mm}^3$

$V = 158\ \text{cm}^3$

134

	Höhe h_K	Seite a	Volumen V
a)	8 cm	3 cm	**24 cm³**
b)	4,5 dm	210 mm	**6,615 dm³**
c)	**7 mm**	4,5 cm	4 725 mm³
d)	1,4 dm	**49,3 cm**	11 340 cm³

a) $V = \frac{1}{3} \cdot a^2 \cdot h_K$

$V = \frac{1}{3} \cdot 3^2\ \text{cm}^2 \cdot 8\ \text{cm}$

$V = 24\ \text{cm}^3$

b) $V = \frac{1}{3} \cdot a^2 \cdot h_K$

$V = \frac{1}{3} \cdot 2{,}1^2\ \text{dm}^2 \cdot 4{,}5\ \text{dm}$

$V = 6{,}615\ \text{dm}^3$

c) $V = \frac{1}{3} \cdot a^2 \cdot h_K \quad | \cdot 3$

$3 \cdot V = a^2 \cdot h_K \quad | : a^2$

$h_K = \frac{3 \cdot V}{a^2}$

$h_K = \frac{3 \cdot 4\,725}{45^2}\ \text{mm}$

$h_K = 7\ \text{mm}$

d) $V = \frac{1}{3} \cdot a^2 \cdot h_K \quad | \cdot 3$

$3 \cdot V = a^2 \cdot h_K \quad |: h_K$

$\frac{3V}{h_K} = a^2 \quad | \sqrt{}$

$a = \sqrt{\frac{3V}{h_K}}$

$a = \sqrt{\frac{3 \cdot 11\,340}{\mathbf{14}}}\ \mathbf{cm}$

$a \approx 49{,}3\ \text{cm}$

135 $V = \frac{1}{3} \cdot a^2 \cdot h_K \quad | \cdot 3$

$3 \cdot V = a^2 \cdot h_K \quad |: h_K$

$\frac{3V}{h_K} = a^2 \quad | \sqrt{}$

$a = \sqrt{\frac{3V}{h_K}}$

$a = \sqrt{\frac{3 \cdot \mathbf{84\,000}}{7}}\ \mathbf{cm}$

$a \approx 189{,}7\ \text{cm}$

136 a) $V = \frac{1}{3} \cdot a^2 \cdot h_K$

$V = \frac{1}{3} \cdot 230^2\ \text{m}^2 \cdot 150\ \text{m}$

$V = 2\,645\,000\ \text{m}^3$

b) $V = \frac{1}{3} \cdot 226^2\ \text{m}^2 \cdot 137\ \text{m}$

$V \approx 2\,332\,471\ \text{m}^3$

$2\,645\,000\ \text{m}^3 - 2\,332\,471\ \text{m}^3 = 312\,529\ \text{m}^3$

$312\,529\ \text{m}^3$ Gestein ist verwittert.

c) Schrägbildskizze:

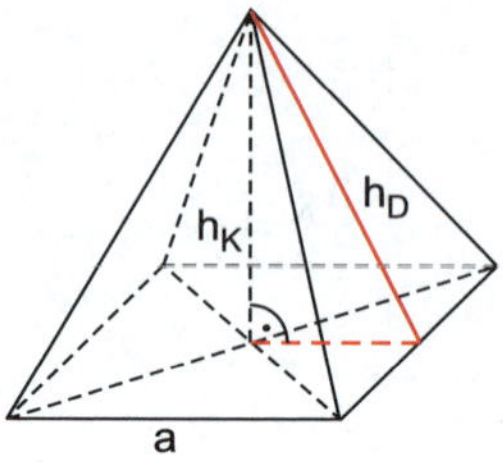

$$h_D = \sqrt{h_K^2 + \left(\frac{a}{2}\right)^2}$$

$$h_D = \sqrt{226^2 + \left(\frac{137}{2}\right)^2}\ \text{m}$$

$$h_D \approx 236{,}15\ \text{m}$$

$$M = 4 \cdot \frac{g \cdot h_D}{2}$$

$$M = 4 \cdot \frac{226 \cdot 236{,}15}{2}\ \text{m}^2$$

$$M = 106\,739{,}8\ \text{m}^2$$

137 $h_D = \sqrt{h_K^2 + \left(\frac{a}{2}\right)^2}$

$$h_D = \sqrt{3^2 + 3^2}\ \text{cm}$$

$$h_D \approx 4{,}2\ \text{cm}$$

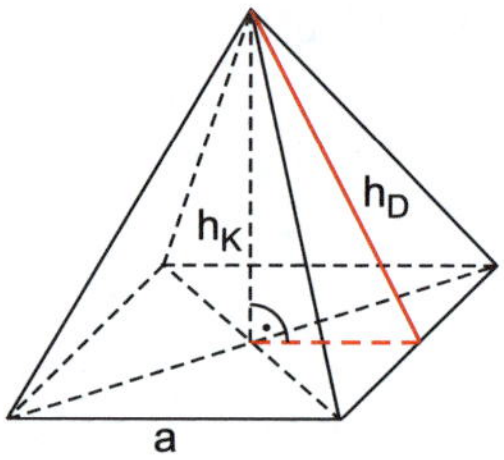

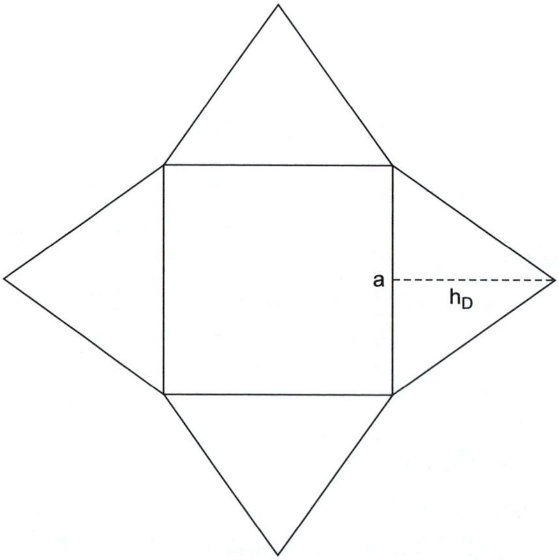

(Maßstab 1 : 2)

138 Würfel:

$V = a^3$

$V = 3^3\,cm^3$

$V = 27\ cm^3$

Pyramide:

$V = \frac{1}{3} \cdot a^2 \cdot h_K$

$V = \frac{1}{3} \cdot 3^2\,cm^2 \cdot 5\ cm$

$V = 15\ cm^3$

Gesamtes Volumen:

$V_{ges} = 27\ cm^3 + 15\ cm^3$

$V_{ges} = 42\ cm^3$

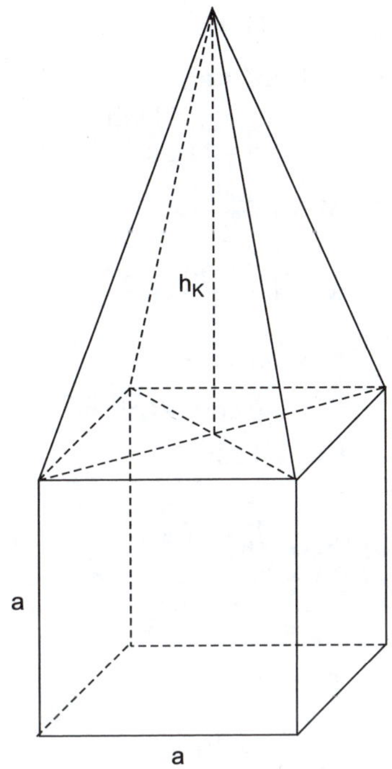

139 Berechne zuerst die Diagonale $\overline{AC}$ der Grundfläche mithilfe des Satzes des Pythagoras:

$\overline{AC}^2 = d^2 = \sqrt{a^2 + a^2}$

$d^2 = \sqrt{9^2 + 9^2}\ cm$

$d \approx 12{,}73\ cm$

$s = \sqrt{h_K^2 + \left(\frac{d}{2}\right)^2}$

$s = \sqrt{12^2 + \left(\frac{12{,}73}{2}\right)^2}\ cm$

$s \approx 13{,}58\ cm$

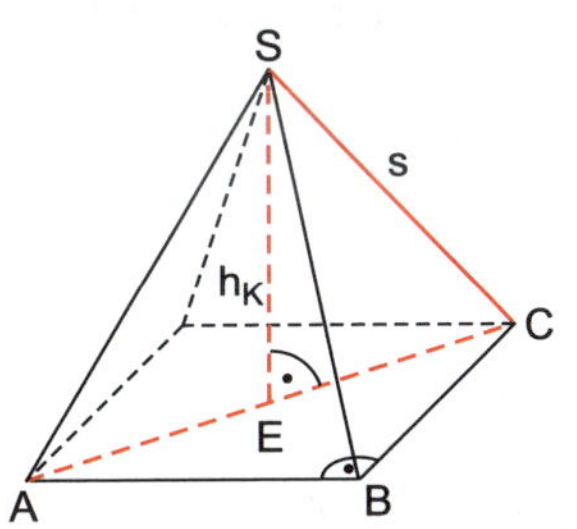

140 a)

$$G = a^2$$

$$121\ cm^2 = a^2 \qquad |\sqrt{\ }$$

$$a = \sqrt{121}\ cm$$

$$a = 11\ cm$$

$$M = 4 \cdot \frac{a \cdot h}{2}$$

$$M = 4 \cdot \frac{11 \cdot 20}{2}\ cm^2$$

$$M = 440\ cm^2$$

$$O = 440\ cm^2 + 121\ cm^2$$

$$O = 561\ cm^2$$

b)

$$h_K = \sqrt{h_D^2 - \left(\frac{a}{2}\right)^2}$$

$$h_K = \sqrt{20^2 - 5{,}5^2}\ cm$$

$$h_K \approx 19{,}2\ cm$$

$$V = \frac{1}{3} \cdot G \cdot h_K$$

$$V = \frac{1}{3} \cdot 121\ cm^2 \cdot 19{,}2\ cm$$

$$V = 774{,}4\ cm^3$$

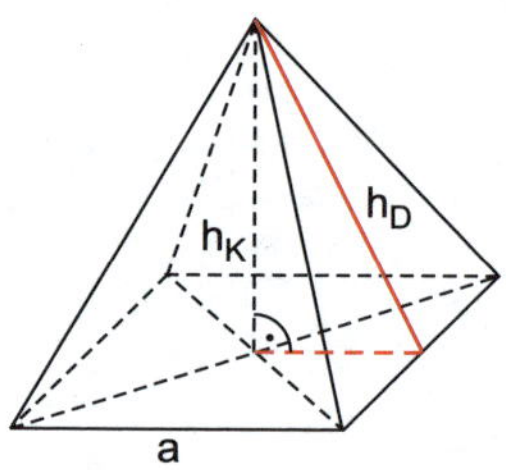

141

$$h_K = \sqrt{h_D^2 - \left(\frac{a}{2}\right)^2}$$

$$h_K = \sqrt{3{,}5^2 - 1^2}\ dm$$

$$h_K \approx 3{,}35\ dm$$

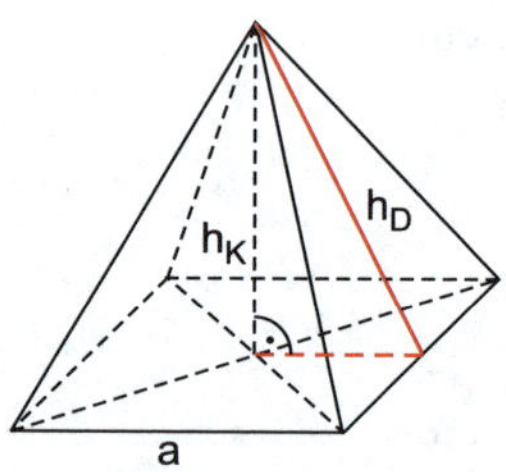

Maßstab 1 : 5 ⇒
$a = 4\text{ cm}$
$h_K = 6{,}7\text{ cm}$

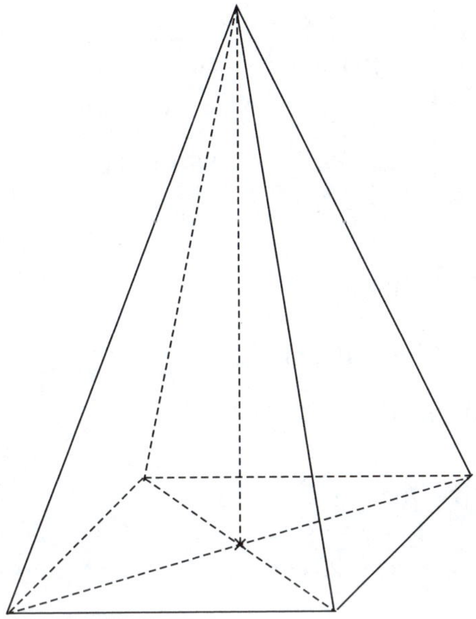

142 Der Körper ist zusammengesetzt aus einem Würfel, einem Quader und einer Pyramide.

Würfel:
$V = a^3$
$V = 2^3\text{ cm}^3$
$V = 8\text{ cm}^3$

Quader:
$V = a \cdot b \cdot c$
$V = 2 \cdot 5 \cdot 2\text{ cm}^3$
$V = 20\text{ cm}^3$

Pyramide:
$V = \frac{1}{3} \cdot a \cdot b \cdot h_K$
$V = \frac{1}{3} \cdot 2 \cdot 3 \cdot 3{,}5\text{ cm}^3$
$V = 7\text{ cm}^3$

Gesamtvolumen:
$V_{ges} = 8\text{ cm}^3 + 20\text{ cm}^3 + 7\text{ cm}^3$
$V_{ges} = 35\text{ cm}^3$

143

	Radius r	Höhe h_K	Volumen V
a)	24 m	100 m	**60 318,6 m³**
b)	1,5 dm	23 cm	**5 419,2 cm³**
c)	3,2 dm	**80,2 cm**	86 000 cm³
d)	**1,3 cm**	812 mm	146,9 cm³

a) $V = \frac{1}{3} \cdot \pi \cdot r^2 \cdot h_K$

$V = \frac{1}{3} \cdot \pi \cdot 24^2\ m^2 \cdot 100\ m$

$V \approx 60\,318{,}6\ m^3$

b) $V = \frac{1}{3} \cdot \pi \cdot r^2 \cdot h_K$

$V = \frac{1}{3} \cdot \pi \cdot \mathbf{15}^2\ \mathbf{cm}^2 \cdot 23\ cm$

$V \approx 5\,419{,}2\ cm^3$

c) $V = \frac{1}{3} \cdot \pi \cdot r^2 \cdot h_K \quad |\cdot 3$

$3 \cdot V = \pi \cdot r^2 \cdot h_K \quad |:\pi \quad |:r^2$

$h_K = \frac{3 \cdot V}{\pi \cdot r^2}$

$h_K = \frac{3 \cdot 86\,000}{\pi \cdot \mathbf{32}^2}\ \mathbf{cm}$

$h_K \approx 80{,}2\ cm$

d) $V = \frac{1}{3} \cdot \pi \cdot r^2 \cdot h_K \quad |\cdot 3$

$3 \cdot V = \pi \cdot r^2 \cdot h_K \quad |:\pi \quad |:h_K$

$\frac{3 \cdot V}{\pi \cdot h_K} = r^2 \quad |\sqrt{\ }$

$r = \sqrt{\frac{3 \cdot V}{\pi \cdot h_K}}$

$r = \sqrt{\frac{3 \cdot 146{,}9}{\pi \cdot \mathbf{81{,}2}}}\ \mathbf{cm}$

$r \approx 1{,}3\ cm$

144

$$V = \frac{1}{3} \cdot \pi \cdot r^2 \cdot h_K \quad | \cdot 3$$

$$3 \cdot V = \pi \cdot r^2 \cdot h_K \quad | : \pi \quad | : h_K$$

$$\frac{3 \cdot V}{\pi \cdot h_K} = r^2 \quad | \sqrt{}$$

$$r = \sqrt{\frac{3 \cdot V}{\pi \cdot h_K}}$$

$$r = \sqrt{\frac{3 \cdot 603{,}186}{\pi \cdot 9}} \text{ cm}$$

$$r \approx 8 \text{ cm}$$

145

$$V = \frac{1}{3} \cdot \pi \cdot r^2 \cdot h_K$$

$$V = \frac{1}{3} \cdot \pi \cdot 7{,}5^2 \text{ m}^2 \cdot 8 \text{ m}$$

$$V \approx 471{,}2 \text{ m}^3$$

Es sind 471,2 m^3 Sand gelagert.

Skizze:

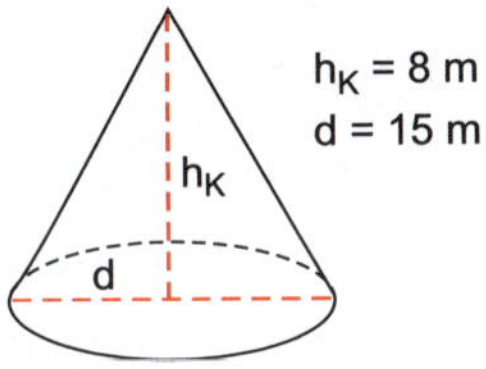

146 Für den Grundkreis gilt:

$$u = 2 \cdot \pi \cdot r \quad | : \pi \quad | : 2$$

$$r = \frac{u}{2 \cdot \pi}$$

$$r = \frac{90}{2 \cdot \pi} \text{ cm}$$

$$r \approx 14{,}3 \text{ cm}$$

Für das Volumen gilt:

$$V = \frac{1}{3} \cdot \pi \cdot r^2 \cdot h_K$$

$$V = \frac{1}{3} \cdot \pi \cdot 14{,}3^2 \text{ cm}^2 \cdot 500 \text{ cm}$$

$$V \approx 107\,070{,}7 \text{ cm}^3 = 107{,}1 \text{ dm}^3$$

147 Wenn Svens Schwester etwa 1,10 m groß ist, ist die Höhe der Schultüte etwa 75 cm. Der Durchmesser ist dann etwa 20 cm.

$$V = \frac{1}{3} \cdot \pi \cdot r^2 \cdot h_K$$

$$V = \frac{1}{3} \cdot \pi \cdot 10^2 \, cm^2 \cdot 75 \, cm$$

$$V \approx 7\,854 \, cm^3$$

In der Schultüte sind 7 845 cm^3 Platz für Geschenke.

148 $s = \sqrt{h_K^2 + r^2}$

$s = \sqrt{20^2 + 12^2} \, cm$

$s \approx 23{,}3 \, cm$

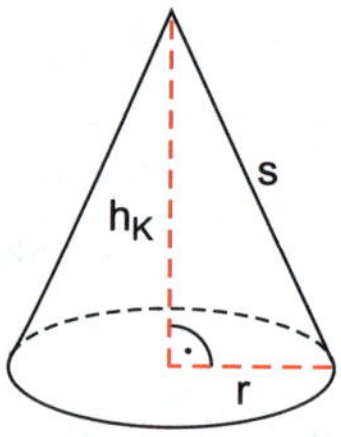

149 Die Oberfläche besteht aus 2 Kegelmänteln.

$s = \sqrt{h_K^2 + r^2}$

$s = \sqrt{6^2 + 2^2} \, cm$

$s \approx 6{,}3 \, cm$

$M = \pi \cdot r \cdot s$

$M = \pi \cdot 2 \cdot 6{,}3 \, cm^2$

$M \approx 39{,}6 \, cm^2$

$M_{ges} = 2 \cdot 39{,}6 \, cm^2 = 79{,}2 \, cm^2$

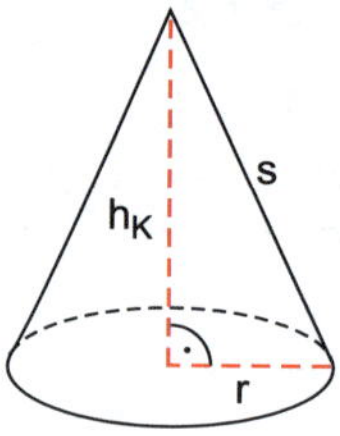

150 a) $V = \frac{1}{3} \cdot \pi \cdot r^2 \cdot h_K \quad | \cdot 3$

$3 \cdot V = \pi \cdot r^2 \cdot h_K \quad | :\pi \quad | : r^2$

$$h_K = \frac{3 \cdot V}{\pi \cdot r^2}$$

$$h_K = \frac{3 \cdot 750}{\pi \cdot 4^2} \, cm$$

$$h_K \approx 44{,}8 \, cm$$

Die Vase ist 44,8 cm hoch.

b) $V = G \cdot h_K \qquad |:G$

$h_K = \frac{V}{G}$

$h_K = \frac{750}{4 \cdot 4}$ cm

$h_K \approx 46{,}9$ cm

Das Wasser steht in dieser Vase 46,9 cm hoch.

151 6 h ≙ 435 €
1 h ≙ 435 € : 6 = 72,50 €
8 h ≙ 72,50 € · 8 = 580 €

152 1 000 g Metall ≙ 585 g Gold
1 g Metall ≙ 585 g Gold : 1 000 = 0,585 g Gold
9,5 g Metall ≙ 0,585 g Gold · 9,5 ≈ 5,6 g Gold

153 Benzinkosten auf 100 km „damals“: 12 ℓ zu je 0,55 € = 6,60 €
Benzinkosten auf 100 km „heute“: 5,5 ℓ zu je 1,35 € ≈ 7,43 €
Heute zahlt man für 100 km **7,43 € – 6,60 €** = 0,83 € mehr.

154 a)

Fläche (m^2)	0	20	40	60	**80**	100
Preis (€)	25	85	145	205	**265**	325

Preis (€) = 25 € + 3 € · Fläche (m^2)

b) Für 80 m^2 muss sie 265 € bezahlen.

155 a) 350 Werkstücke ≙ 210 min
1 Werkstück ≙ 210 min : 350 = 0,6 min
595 Werkstücke ≙ 0,6 min · 595 = 357 min

b)

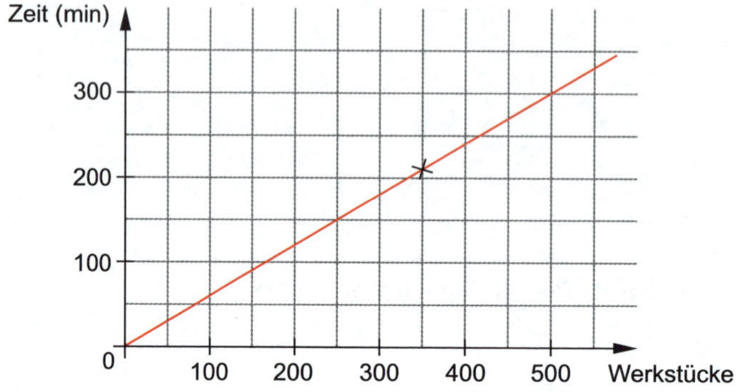

156 a)

Fläche (m^2)	2	5	25	40	45
Preis (€)	44	110	550	880	990

b)

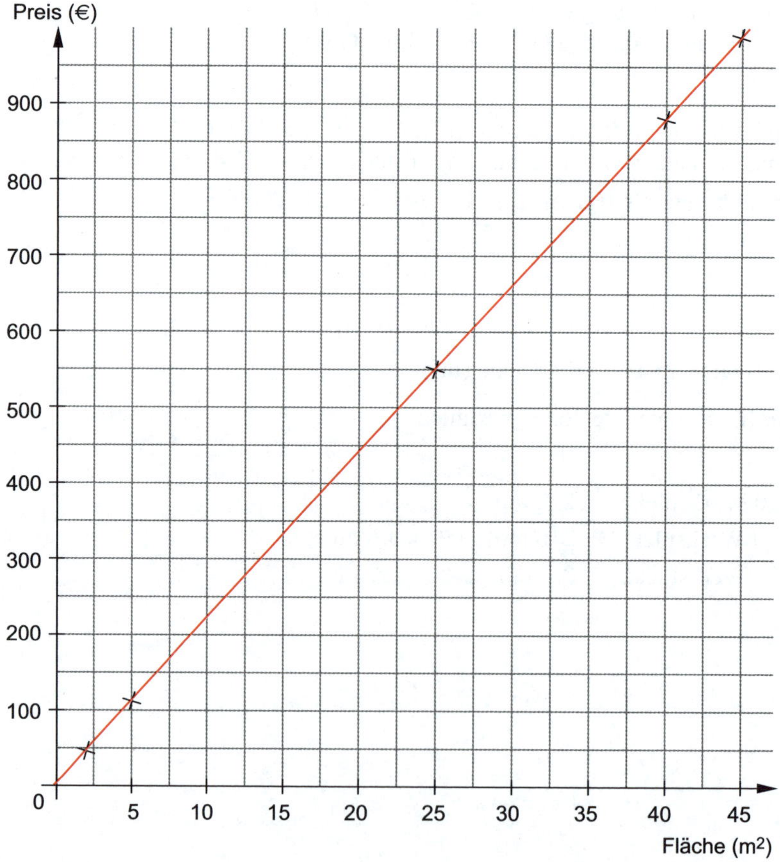

157 Spargel:

$4 \text{ Personen} \mathrel{\hat{=}} 2\,500 \text{ g}$
$1 \text{ Person} \mathrel{\hat{=}} 2\,500 \text{ g} : 4 = 625 \text{ g}$
$7 \text{ Personen} \mathrel{\hat{=}} 625 \text{ g} \cdot 7 = 4\,375 \text{ g} \approx 4{,}4 \text{ kg}$

Nudeln:

$4 \text{ Personen} \mathrel{\hat{=}} 500 \text{ g}$
$1 \text{ Person} \mathrel{\hat{=}} 500 \text{ g} : 4 = 125 \text{ g}$
$7 \text{ Personen} \mathrel{\hat{=}} 125 \text{ g} \cdot 7 = 875 \text{ g} \approx 900 \text{ g}$

158

- [x] Ohne Grundgebühr: Für nur 9 $\frac{\text{ct}}{\text{min}}$ in alle deutsche Netze telefonieren!
- [ ] Pro Monat 5 € bezahlen und dann für 5 $\frac{\text{ct}}{\text{min}}$ rund um die Uhr telefonieren!
- [ ] Flat-Rate: Zahle 25 € und telefoniere so lange wie du möchtest!

159

$2 \text{ Arbeiter} \mathrel{\hat{=}} 6 \text{ Tage}$
$1 \text{ Arbeiter} \mathrel{\hat{=}} 6 \text{ Tage} \cdot 2 = 12 \text{ Tage}$
$3 \text{ Arbeiter} \mathrel{\hat{=}} 12 \text{ Tage} : 3 = 4 \text{ Tage}$

160

$20 \text{ Personen} \mathrel{\hat{=}} 45 \text{ €}$
$1 \text{ Person} \mathrel{\hat{=}} 45 \text{ €} \cdot 20 = 900 \text{ €}$
$25 \text{ Personen} \mathrel{\hat{=}} 900 \text{ €} : 25 = 36 \text{ €}$

161

$54 \text{ Zeilen} \mathrel{\hat{=}} 168 \text{ Seiten}$
$1 \text{ Zeile} \mathrel{\hat{=}} 168 \text{ Seiten} \cdot 54 = 9\,072 \text{ Seiten}$
$42 \text{ Zeilen} \mathrel{\hat{=}} 9\,072 \text{ Seiten} : 42 = 216 \text{ Seiten}$

162

$\frac{1}{4}\,\ell \mathrel{\hat{=}} 6 \text{ Gläser}$
$1\,\ell \mathrel{\hat{=}} 6 \text{ Gläser} : 4 = 1{,}5 \text{ Gläser}$
$0{,}3\,\ell \mathrel{\hat{=}} 1{,}5 \text{ Gläser} : 0{,}3 = 5 \text{ Gläser}$

163

- [ ] Je mehr Abwehrspieler auf dem Platz stehen, umso weniger Tore fallen.
- [x] Je weniger Arbeiter die Grube ausheben, umso länger benötigen sie dafür.
- [ ] Je weniger Kugeln Eis Sabine kauft, umso weniger Geld muss sie bezahlen.
- [x] Je mehr Kinder von der Torte essen, umso weniger bekommt jeder davon.

164 12 Hühner ≙ 14 Tage
1 Huhn ≙ 14 · 12 Tage = 168 Tage
7 Hühner ≙ 168 Tage : 7 = 24 Tage

165 6 m ≙ 800 Rohre
1 m ≙ 800 Rohre · 6 = 4 800 Rohre

a) 8 m ≙ 4 800 Rohre : 8 = 600 Rohre

b) 4 m ≙ 4 800 Rohre : 4 = 1 200 Rohre

c) 9,6 m ≙ 4 800 Rohre : 9,6 = 500 Rohre

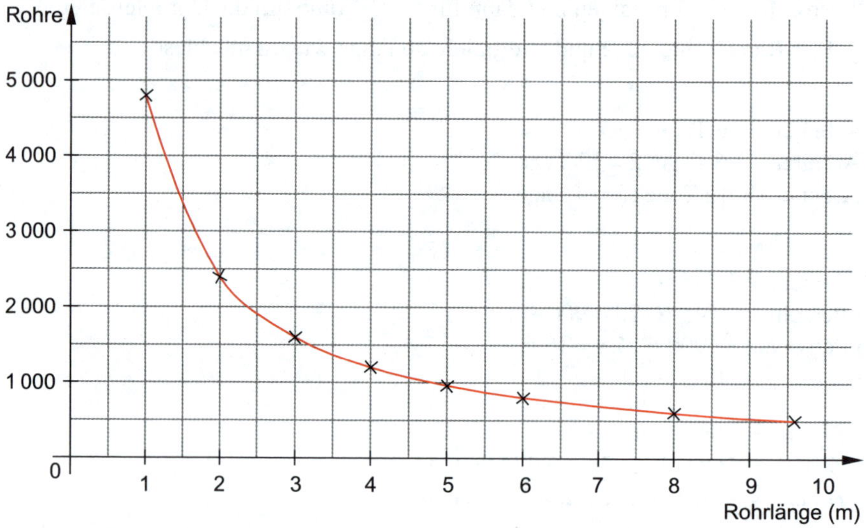

166 a)

Dauer (Tage)	1	2	3	4	5	6	7
Ausgaben (€)	1 400	700	467	350	280	233	200

b) 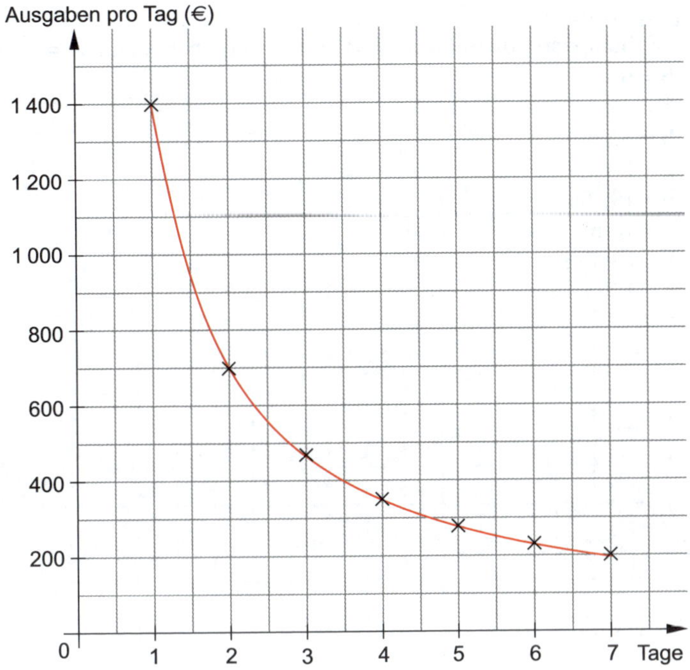

167 Umgekehrt proportionale Funktion:

18 cm ≙ 24 Stufen
1 cm ≙ 24 Stufen · 18 = 432 Stufen
16 cm ≙ 432 Stufen : 16 = 27 Stufen

168 a) Proportionale Funktion:

480 min ≙ 384 Fahrräder
1 min ≙ 384 Fahrräder : 480 = 0,8 Fahrräder
50 min ≙ 0,8 Fahrräder · 50 = 40 Fahrräder

b) Umgekehrt proportionale Zuordnung:

1 Band bräuchte 2 · 8 h = 16 h.
3 Bänder bräuchten 16 h : 3 = $5\frac{1}{3}$ h = 5 h 20 min.

169 Proportionale Funktion:

7 km ≙ 1 h 10 min
21 km ≙ 1 h 10 min · 3 = 3 h 30 min

170 a) Umgekehrt proportionale Funktion:
Gesucht sind Zahlenpaare, die multipliziert 96 (m^2) ergeben, denn $A = a \cdot b$.

$a = 1$ m	$b = 96$ m
$a = 2$ m	$b = 48$ m
$a = 3$ m	$b = 32$ m
$a = 4$ m	$b = 24$ m
$a = 5$ m	$b = 19,2$ m
$a = 6$ m	$b = 16$ m
$a = 7$ m	$b = 13,71$ m
$a = 8$ m	$b = 12$ m

b) 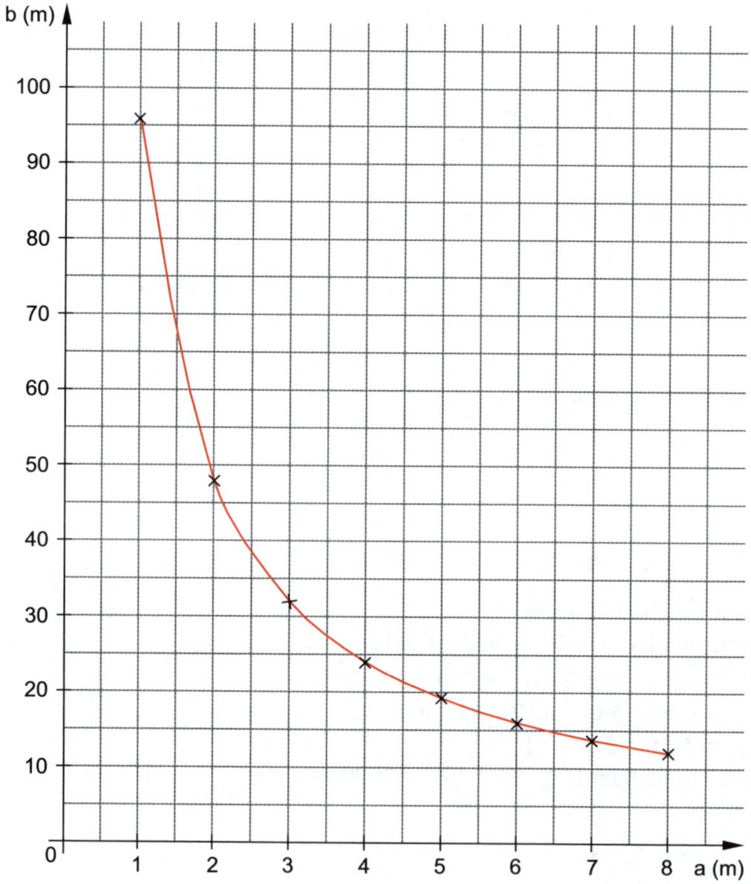

171 Lineare Funktion:

Zeit (min)	0	10	20	30
Preis (€)	9,50	29,50	49,50	69,50

1 min kostet ohne Grundgebühr $(69,50\text{ €} - 9,50\text{ €}) : 30 = 2\text{ €}$

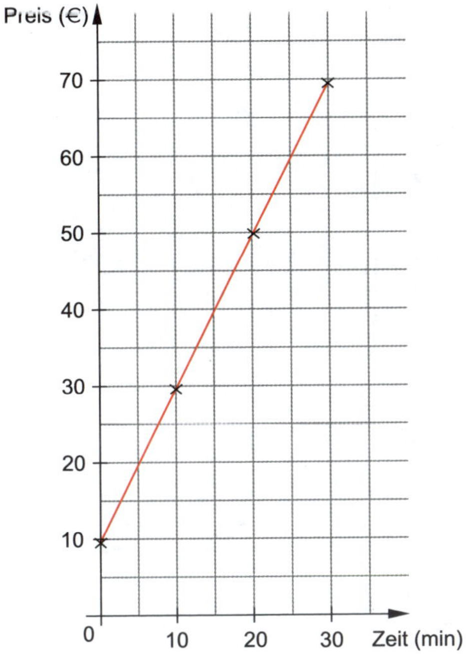

172 a) „Je mehr …, desto mehr …" wird als Gerade dargestellt (proportionale Funktion): **Tarif B**

b) Wenn man von „90 Minuten" senkrecht nach oben geht, stößt man zuerst auf **Tarif B**.

c) 4 Stunden im Tarif B (proportionale Funktion):

$150\text{ min} \mathrel{\hat{=}} 60\text{ €}$
$1\text{ min} \mathrel{\hat{=}} 60\text{ €} : 150 = 0,40\text{ €}$
$240\text{ min} \mathrel{\hat{=}} 0,40\text{ €} \cdot 240 = 96\text{ €}$

4 Stunden im Tarif C:
Die 1. Stunde kostet 30 €, danach kosten je 20 Minuten 20 €, d. h., 3 Stunden kosten $9 \cdot 20\text{ €} = 180\text{ €}$. Zusammen macht das 210 €.

d) Tarif B lohnt sich bis ca. 125 min, danach Tarif A. Tarif C lohnt sich nie.

173 a) Der BMI ist für eine bestimmte Körpergröße eine proportionale Funktion (je mehr man wiegt, umso größer ist der BMI).

b) 1,80 m und 60 kg $\Rightarrow$ $\text{BMI} = \frac{60}{1{,}8^2} \approx 18{,}5$

1,80 m und 70 kg $\Rightarrow$ $\text{BMI} \approx 21{,}6$

1,80 m und 80 kg $\Rightarrow$ $\text{BMI} \approx 24{,}7$

1,80 m und 90 kg $\Rightarrow$ $\text{BMI} \approx 27{,}8$

1,80 m und 100 kg $\Rightarrow$ $\text{BMI} \approx 30{,}9$

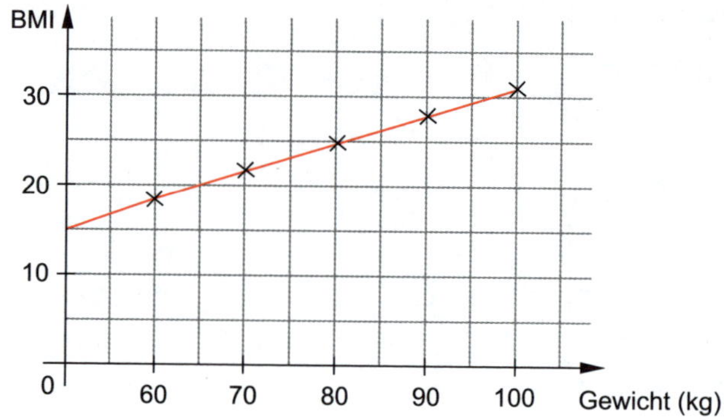

174 a)

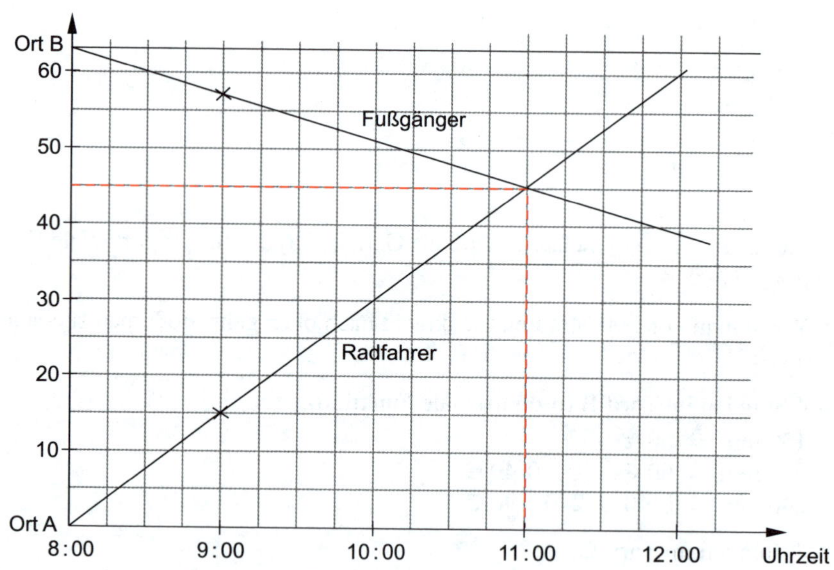

b) Die beiden treffen sich um 11:00 Uhr, 45 km von Ort A entfernt.

175 a) Diagramme A und B

b) Diagramm A

c) Diagramm C zeigt einen unmöglichen Sachverhalt:
Jemand soll nach 2 Stunden eine Teilstrecke von 60 km in 0 Minuten zurückgelegt haben.

Diagramm E zeigt einen unmöglichen Sachverhalt:
Zwischen Kilometer 280 und 320 läuft die Zeit rückwärts.

d) Diagramm D:
Nach der Pause (zwischen der 2. und 3. Stunde) ist die Gerade steiler als vor der Pause.

e) Herr Brunetti ist mit $80\,\frac{km}{h}$ (1 Stunde → 80 km, 2 Stunden → 160 km, …) gefahren.

f)

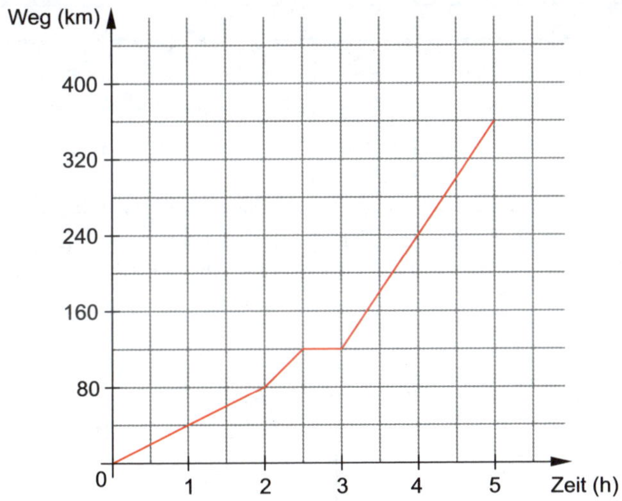

g) Mögliche Lösung: Herr Brunetti besucht seine Mutter im 160 km entfernten Ort X und unterhält sich eine Stunde mit ihr. Danach fährt er innerhalb von 2 Stunden wieder nach Hause.

176 a) Der Fußgänger ist um 8:00 Uhr gestartet, der Radfahrer um 9:00 Uhr.

b) $v_{Fußgänger} = 5\,\frac{km}{h}$, $v_{Radfahrer} = 10\,\frac{km}{h}$

c) Der Radfahrer hat den Fußgänger um 10:00 Uhr eingeholt.

d) Bis 10:00 Uhr haben beide je 10 km zurückgelegt.

177 a) Nach 6 Stunden sind $6 \cdot 24\ \text{m}^3 = 144\ \text{m}^3$ bereits gefördert.
Also müssen nochmals $144\ \text{m}^3$ gefördert werden.
Die Fördermenge beträgt jetzt $(24+12)\ \frac{\text{m}^3}{\text{h}} = 36\ \frac{\text{m}^3}{\text{h}}$.
Zeit: $144\ \text{m}^3 : 36\ \frac{\text{m}^3}{\text{h}} = 4\ \text{h}$
Der Füllvorgang dauert insgesamt 10 Stunden.

b)

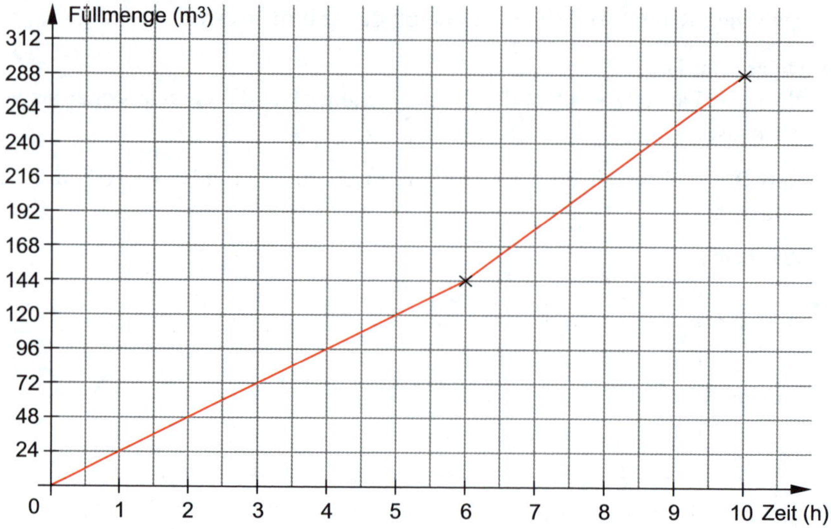

178

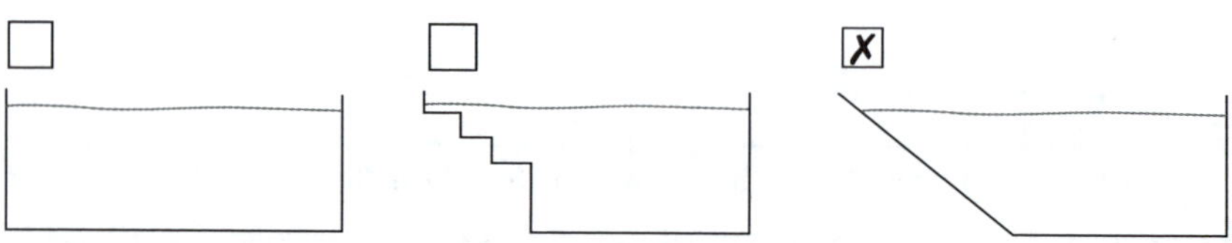

Das Wasser steigt zuerst schnell an und dann gleichmäßig immer langsamer. Das Becken muss also unten schmäler sein und sich **gleichmäßig** nach oben hin öffnen.

179

Seitenlänge (cm)	6	8	10	12	14	16	18
Fläche (cm^2)	36	64	100	144	196	256	324

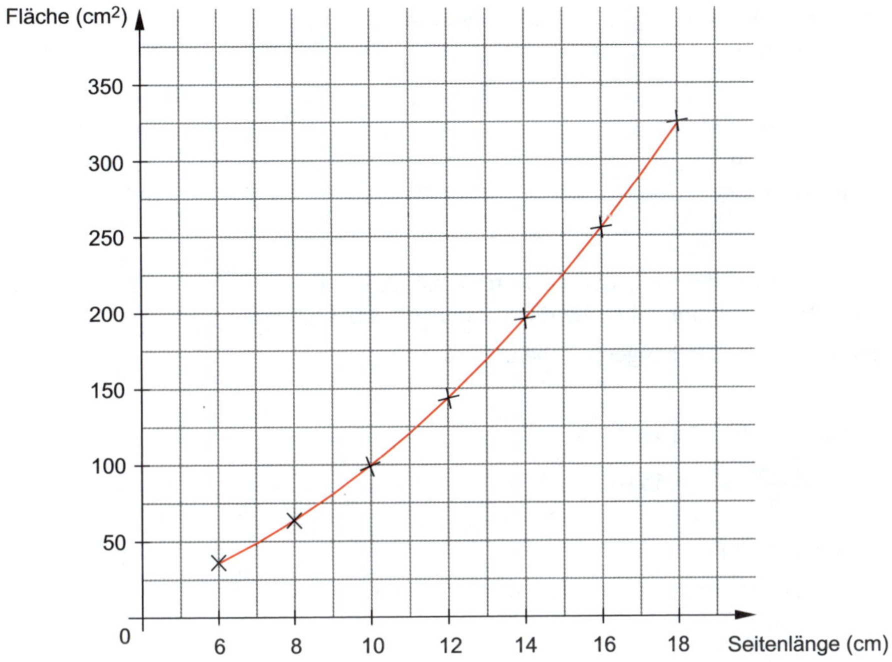

180 a) Der Intercity hat einen Aufenthalt von 9:30 Uhr bis 9:35 Uhr, also 5 Minuten lang.
Der Regionalexpress steht von 9:50 Uhr bis 9:55 Uhr, also auch 5 Minuten.

b) Der Intercity ist um etwa 9:27 Uhr 25 km vom Aufenthaltsort entfernt.

c) Der Intercity benötigt etwa 30 Minuten (9:15 Uhr bis 9:45 Uhr), der Regionalexpress benötigt etwa 60 Minuten (9:25 Uhr bis 10:25 Uhr). Der Intercity ist also schneller.

181 a) Summe aller Werte: 782,5 °C

$$\overline{x} = \frac{782{,}5\ °C}{30} \approx 26{,}1\ °C$$

b) Rangliste (°C):

17; 19; 21; 21; 22; 22; 22; 22,5; 23; 23; 23; 23,5; 24; 26; **26**; **26**; 26,5; 27; 27; 27,5; 29; 29; 29,5; 31; 31,5; 32; 32; 32,5; 33; 34

Zentralwert Z = 26 °C.

c) Der Zentralwert liegt 0,1 °C unter dem Mittelwert.

$$p = \frac{P \cdot 100}{G}$$

$$p\,\% = \frac{0{,}1 \cdot 100}{26{,}1}\,\%$$

$$p\,\% \approx 0{,}4\,\%$$

182 Alle Noten zusammen haben die Summe $24 \cdot 2{,}5 = 60$.
Wenn Ina dazukommt, beträgt die Summe $25 \cdot 2{,}6 = 65$.
Ina hat also die Note 5 geschrieben.

183 a) Summe aller Werte: 44,40 €

$$\overline{x} = \frac{44{,}40}{8}\,€ = 5{,}55\,€$$

b) Rangliste (€):

3,15; 4,50; 4,50; **5,10**; **6,30**; 6,70; 7,05; 7,10

Zentralwert:

$$Z = \frac{5{,}10 + 6{,}30}{2}\,€ = 5{,}70\,€$$

c) Neuer durchschnittlicher Stundenlohn:

$$\overline{x} = \frac{44{,}40 + 5{,}55}{9}\,€ = 5{,}55\,€$$

Der durchschnittliche Stundenlohn ändert sich nicht.

Neuer Zentralwert:

3,15; 4,50; 4,50; 5,10; **5,55**; 6,30; 6,70; 7,05; 7,10

Der Zentralwert liegt dann ebenfalls bei 5,55 €.

184 a) Arithmetisches Mittel:

Summe aller Werte: 34,25

$\overline{x} = \frac{34,25}{20}\,\text{m} \approx 1,71\,\text{m}$

Rangliste (m):

1,50; 1,53; 1,55; 1,59

1,60; 1,60; 1,65; 1,68

1,71; **1,73**; **1,76**; 1,77; 1,77; 1,79

1,80; 1,80; 1,81; 1,81; 1,82

1,98

Zentralwert:

$Z = \frac{1,73 + 1,76}{2}\,\text{m} = 1,745\,\text{m}$

b)

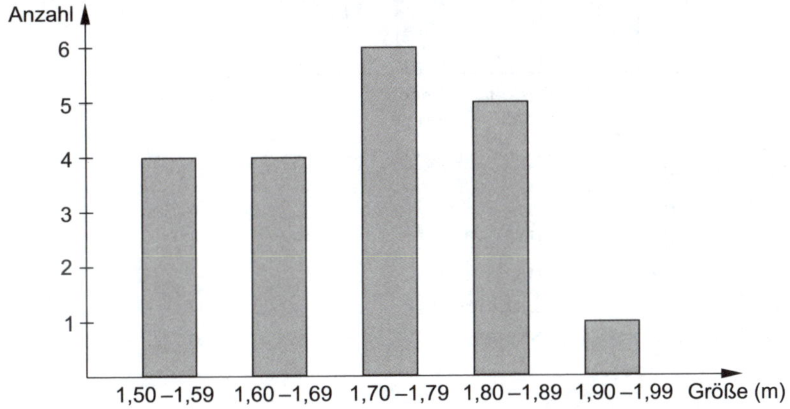

185 a)

Sportart	absolute Häufigkeit	relative Häufigkeit
Fußball	11	$\frac{11}{25} = 44\,\%$
Basketball	6	$\frac{6}{25} = 24\,\%$
Tischtennis	5	$\frac{5}{25} \approx 20\,\%$
Skaten	3	$\frac{3}{25} = 12\,\%$
Summe	25	100 %

b) 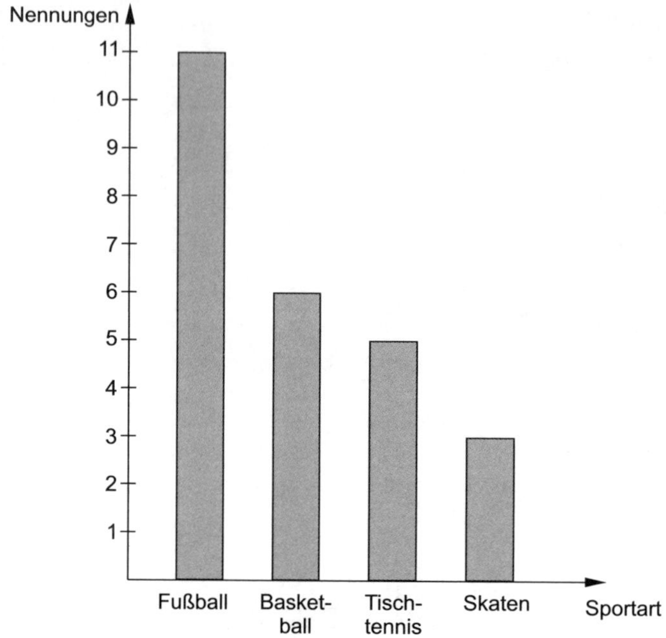

Oder:

100 % ≙ 360°		
1 % ≙ 3,6°		
44 % ≙ 158,4°	Fußball
24 % ≙ 86,4°	Basketball
20 % ≙ 72°	Tischtennis
12 % ≙ 43,2°	Skaten

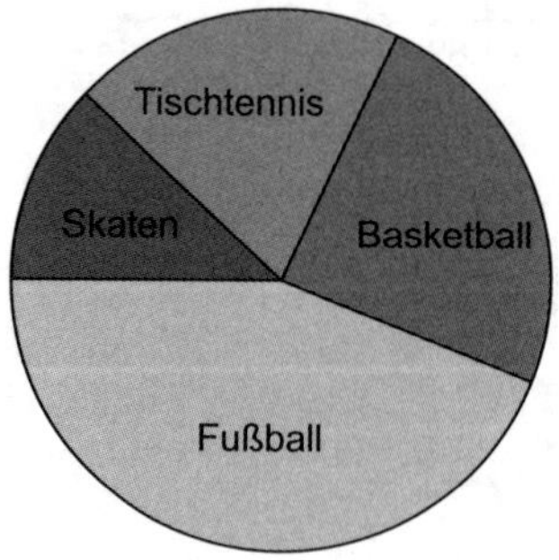

186 a) $\text{Relative Häufigkeit} = \dfrac{\text{Absolute Häufigkeit}}{\text{Anzahl}}$

$\Rightarrow$ Absolute Häufigkeit = Relative Häufigkeit · Anzahl

Lady Gaga:	$0{,}37 \cdot 500 = 185$
Kylie Minogue:	$0{,}05 \cdot 500 = 25$
Katy Perry:	$0{,}2 \cdot 500 = 100$
Gentleman:	$0{,}06 \cdot 500 = 30$
Robbie Williams:	$0{,}12 \cdot 500 = 60$
Sonstige:	$0{,}34 \cdot 500 = 170$

b) Ein Kreisdiagramm kann nur angefertigt werden, wenn sich die relativen Häufigkeiten zu **100 %** aufsummieren lassen. Dafür dürfte jeder der Befragten nur eine Antwortmöglichkeit haben.
Bei dieser Umfrage war es aber so, dass einige der Befragten in den letzten 2 Monaten mehr als eine CD gekauft haben, da
$185 + 25 + 100 + 30 + 60 + 170 = 570$ (> 500).

187

Pläne für die Zukunft	**absolute Häufigkeit**	**relative Häufigkeit**
Realschulabschluss machen	212	**21,2 %**
Ausbildung zum Friseur	103	**10,3 %**
Ausbildung zum Einzelhandelskaufmann	149	**14,9 %**
Ausbildung zum Mechatroniker	118	**11,8 %**
Ausbildung zum Floristen	73	**7,3 %**
Sonstige Ausbildung	202	**20,2 %**
Berufsvorbereitendes Jahr	143	**14,3 %**

Die Gesamtzahl der Befragten ist 1 000.
Also entsprechen 10 Nennungen 1 Prozent.

- [x] Über 60 % der Schüler möchten eine Ausbildung machen (**64,5 %**).
- [ ] Ein Viertel der Schüler strebt einen Realschulabschluss an.
- [x] 35,5 % der Schüler möchten nach ihrem Abschluss nicht sofort arbeiten.
- [ ] Immer weniger Absolventen wollen Florist werden.
- [ ] Die meisten Hauptschulabgänger möchten eine Ausbildung zum Einzelhandelskaufmann machen.
- [x] Von den Schülern, die eine Ausbildung machen möchten, möchten weniger als die Hälfte Friseur, Mechatroniker oder Florist werden (**294 von 645**).

188 Das linke Schaubild beginnt nicht bei 0 Höhenmetern, sondern bei 2 000. Zudem ist die Skalierung größer. Daher wirkt der Mount Everest gegenüber den anderen beiden Bergen größer als auf dem rechten Schaubild.

189 Gesamtzahl: 25

Schuhgröße	Anzahl	relative Häufigkeit
46	1	4 %
45	4	16 %
44	6	24 %
43	3	12 %
42	2	8 %
41	4	16 %
40	0	0 %
39	2	8 %
38	3	12 %

100 % ≙ 360°	
1 % ≙ 3,6°	
4 % ≙ 14,4°	Schuhgröße 46
16 % ≙ 57,6°	Schuhgröße 45, 41
24 % ≙ 86,8°	Schuhgröße 44
12 % ≙ 43,2°	Schuhgröße 43, 38
8 % ≙ 28,2	Schuhgröße 42, 39

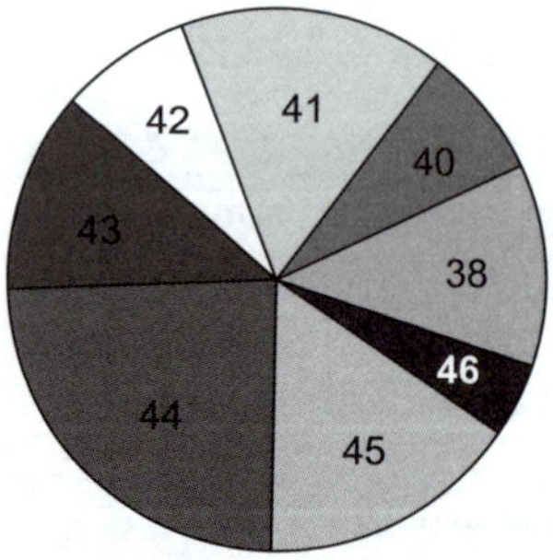

190

Mitgliederzahl der Parteien

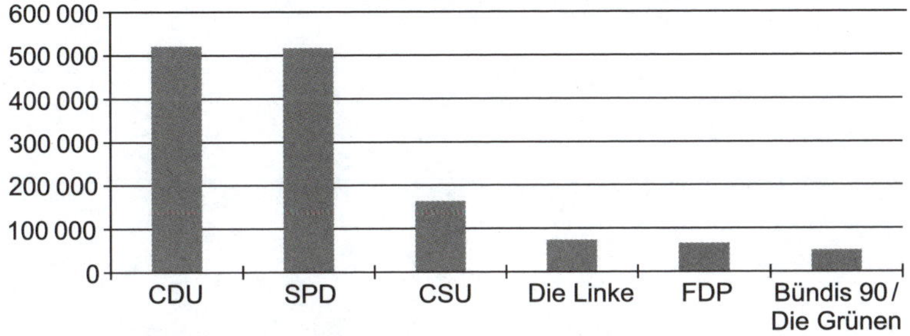

Mitgliederzahl der Parteien

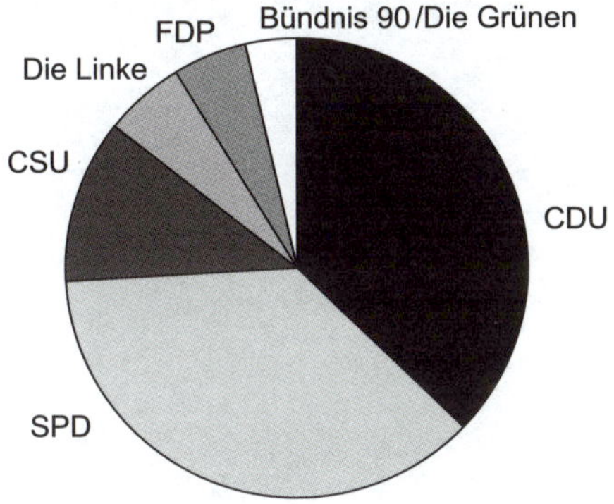

191 Das Diagramm besagt, dass …

- die Erträge aus Geldvermögen pro Haushalt in Deutschland von ca. 1 400 € im Jahr 1 auf ca. 2 200 € im Jahr 2 gestiegen sind,
- die Erträge aus Fonds in diesem Zeitraum gefallen sind,
- sich die Erträge aus Geldvermögen aus Fonds, Aktien, Renten und Bankeinlagen zusammensetzen
- usw.

Erfolgreich durch alle Klassen mit den STARK-Reihen

Abschlussprüfung

Anhand von Original-Aufgaben die Prüfungssituation trainieren. Schülergerechte Lösungen helfen bei der Leistungskontrolle.

Training

Unterrichtsrelevantes Wissen schülergerecht präsentiert. Übungsaufgaben mit Lösungen sichern den Lernerfolg.

Klassenarbeiten

Praxisnahe Übungen für eine gezielte Vorbereitung auf Klassenarbeiten.

STARK in Klassenarbeiten

Schülergerechtes Training wichtiger Themenbereiche für mehr Lernerfolg und bessere Noten.

Kompakt-Wissen

Kompakte Darstellung des prüfungsrelevanten Wissens zum schnellen Nachschlagen und Wiederholen.

Und vieles mehr auf www.stark-verlag.de

(Bitte blättern Sie um)

Den Abschluss in der Tasche – und dann?

In den **STARK**-Ratgebern finden Schülerinnen und Schüler alle Informationen für einen erfolgreichen Start in die berufliche Zukunft.

Alle Titel zu Beruf & Karriere www.berufundkarriere.de

Bestellungen bitte direkt an:
STARK Verlagsgesellschaft mbH & Co. KG · Postfach 1852 · 85318 Freising
Tel. 0180 3 179000* · Fax 0180 3 179001* · www.stark-verlag.de · info@stark-verlag.de
*9 Cent pro Min. aus dem deutschen Festnetz, Mobilfunk bis 42 Cent pro Min.
Aus dem Mobilfunknetz wählen Sie die Festnetznummer: 08167 9573-0

Lernen · Wissen · Zukunft
STARK